JN080606

佐久間宣行のオールナイトニッポン0(ZERO) 2022—2023

ラジオパーソナリティ佐久間の話したりない毎日

佐久間宣行

はじめに

気がつけば『佐久間宣行のオールナイトニッポン0（ZERO）』も5年目に突入していました。毎年「こんなに続けられるとは思わなかったな」と喜んでいますが、まさか5年も続くとは思いませんでした。本当にうれしいし、ありがたいなと思います。

ラジオが楽しくてしょうがない、という気持ちはずっと変わらないですね。週の真ん中にあるラジオを中心に生活を組み立てていて、年末や特番時期などでない限りはできるだけそのルーティンを大事にしています。

ラジオを始めた当初は、「自分はパーソナリティとして認められるのだろうか、認めてほしい」といった思いもありましたが、ありがたいことに5年もやらせてもらうと、自分なりに「ラジオパーソナリティとしてがんばったよな」と思えるようになりました。

それはやっぱり、ここまで番組を聴いてくださった方、新たに聴き始めてくださった方、そんなリスナーの方々のおかげなんです。リスナーに対しては、「この5年をいっしょに過ごした家族」みたいな感覚がちょっと湧いてきているので、とにかく健康で、幸せであれ、と願っています。

人生、いろんなことがあるじゃないですか。それでも、僕のラジオを聴いている間は、そのひとときを楽しんでくれている。そんな感想をもらうと、すごくうれしくなります。僕にとってもラジオでしゃべる90分が、本当に大切な時間なので。これからも、リスナーのみなさんにとってこの番組が人生のお供になるよう、楽しみながら続けていければと思います。

佐久間宣行

目次

Cover Illustration：篠原健太

ラジオパーソナリティ
佐久間の現在

佐久間宣行

フリーのテレビプロデューサー、ラジオパーソナリティとして幅広いフィールドで活動してきた佐久間が、そのフィールドをさらに広げている。地上波や配信で意欲的に番組を手がけるだけでなく、テレビ番組のMCや、CM出演などにも挑戦。そんな佐久間が自身の"話したりない毎日"を語る。

楽しみ方がわからないと、つくり方もわからない

フリーになって数年はいろんな仕事をしようと思っていたら、思わぬお仕事やその続編のお話などもいただけて、ありがたい状況が続いています。

仕事の幅も広がりましたが、自分のできること、自分の武器を見据えて取り組むことに変わりはないので、勝手が違って戸惑うようなことはほとんどないんです。基本的に自分のやりたいこと、楽しい仕事しかしてないので。無理してやりたくないことをやるような年齢でもないですしね。

勝手が違うとしたら、『オールナイトフジコ』（フジテレビ）（※1）でしょうか。さらば青春の光の森田（哲矢）くんとオズワルドの伊藤（俊介）くんという、僕よりおもしろい人が隣にいるのに、「なんで俺、MCやってんのかな？」って（笑）。

最近は、自分なりに「今日はいつもイジってないあの子を笑わせたいな」とか思うようになりましたけど。自分が楽しみながら、関わっている人も輝けばいいなと。今さら自分が目立ちたいという気持ちはないので、そういう意味でバランス的にいいのかもしれませんね。

あと、『オドオド×ハラハラ』（フジテレビ）（※2）もゴールデンタイムの番組なので、なかなか勝手が違うなと思いながらやっているところはあります。でも、勝手が違うことも、この歳で新しいことに挑戦して、勉強できるなんてラッキーだなと思って楽しめるようになりました。50代を楽しく過ごすためのチャネルをもらっている感覚なんです。

いろんな仕事をやってみて改めて感じたのは、YouTubeとラジオの影響力の大きさですね。YouTubeは広く、ラジオは深く届く。だから、最近では僕のイメージも世代によってだいぶ違っているかもしれません。30代後半から50代くらいの人にとっては「『ゴッドタン』をつくってる人」で、30代全般でいうと「『あちこちオードリー』をつくって、たまに顔出ししてる人」、10代から20代にとっては「YouTube（『佐久間宣行のNOBROCK TV』）の人」でしょうね。ラジオはYouTubeほどのパイではないけど、幅広い世代が聴いてくれているイメージです。

ただ、テレビ番組をつくっている身からすると、歯がゆいところもあります。僕のやっていることはそれほど変わらないのに、媒体を変えただけで届くことがある。それこそ、テレビ時代の終わりの始まりを感じているというか。ＴＶerのおかげで、配信に強いコア層と呼ばれる若者向けの番組をつくろうという動きもありますが、ＴＶerが一般化するにしたがって、主婦向けの番組や人気アイドルが出演する番組などの配信が回るようになり、普通のテレビと変わらなくなってきてるんですよ。それにコア層の人たちも、アニメやゲーム、ＳＮＳに時間を割いているので、生き残るのは本当に大変ですね。

僕はたまたまちょっと変わった場所にいて、エンタメ好きとして一番のユーザーでありつつ、そのエンタメをつくる立場でもある。配信やYouTubeでそれなりに結果を出せているのも、自分が早い段階からユーザーとしてそういった媒体に接していたからだと思うんです。３年くらいあれこれやってみてわかったのは、自分がユーザーであるジャンルじゃないとうまくやれないということ。楽しみ方がわからないと、つくり方もわからないんです。

だから、テレビの深夜番組でも、新しく番組を立ち上げるとなったら、ちょっと難しいかもしれません。深夜番組も観てはいますが、もう今のユーザー感覚はつかめてないような気がするというか。深夜でも実験的な番組より、王道的な番組のほうがウケ始めてるんですよね。

エンタメへの向き合い方という点では、Netflixというグローバルなプラットフォームで『トークサバイバー！』（※3）や『LIGHT HOUSE』（※4）をやったことが大きかったです。日本の笑いの特殊性みたいなものを再認識したので、その文脈を大切にしながら日本の人に観てもらえるコンテンツをつくりたいと思うのと同時に、その文脈を活かした上で世界の人に観てもらえるコンテンツってなんなんだろう、と考えるようにもなって。その気持ちを持ちながら、いろんなエンタメに接するようになりました。

エンタメの受け手としては、もっとわけのわからないものに出合いたいという気持ちも強まっています。お笑いでも、コンテストがこれだけ盛り上がっていて、視聴者側もその見方がわかってくるようになると、異質なものが出てきにくくなっているような気がしていて。でも、そういった文脈から外れたアートみたいなものがあってもいいと思うんですよね。

その点、漫画はひとりで完成させて発信までできるからなのか、わけのわからない作品がちゃんと世に出てくる。いまだに商業アートの最前線だと感じます。だから、商業誌で連載されている作品に限らずなんでも読む。そこは昔も今も変わらないですね。

（※1） フジテレビ系列で金曜深夜に放送されているバラエティ番組。佐久間はオズワルドの伊藤俊介、さらば青春の光の森田哲矢とともにMCを担当している。

（※2） 佐久間が演出・プロデュースを務め、フジテレビ系列で木曜20時から放送されている、オードリーとハライチがMCのバラエティ番組。

（※3） 佐久間が企画演出・プロデュースを務める、Netflix配信のバラエティ番組『トークサバイバー！～トークが面白いと生き残れるドラマ～』。

（※4） 佐久間がプロデュースを務める、Netflix配信のオードリーの若林正恭とミュージシャンの星野源によるトークバラエティ。

すべてはやってきたことの積み重ね

変わった仕事といえば、大河ドラマ『鎌倉殿の13人』（ＮＨＫ）の特番でＭＣをやったり（Ｐ１１３参照）、ＣＭに出演したり（Ｐ１２２参照）しましたが、当初は依頼内容がよくわかっていなかったりしてびっくりしたものの、よく考えてみれば過去の積み重ねがあってのことだったりもするんですよね。

ＮＨＫで『あたらしいテレビ』（※5）とか、コンテンツを語る番組に出演してきて、『ぷらぷらす』（※6）ではＭＣ的なポジションでおもしろい番組をプレゼンするようになった。そういったプレゼン芸の積み重ねがあったから、鎌倉殿の特番に呼んでいただけたんじゃないかと思います。

それに、テレビプロデューサーの視点で語るような立場なら、やることが明確なので出演する側になっても身構えるようなことはあまりないんです。２０２３年の日テレの大晦日特番（『笑って年越し！ＴＨＥ笑晦日』）も、70年分の番組からいろんな部門の1位を決める企画なので、それなら「俺の立場からしゃべれる人ってそんなにいないしな」と思ってお引き受けしました。

ＣＭについても、オファーしてくれるクリエイターが、たいてい僕の番組を聴いてくれているラジオリスナーなので、期待されているものが明確なんですよ。おもしろがってくれているポイントがわかっているから、僕はそのおもちゃになっているだけ。だから、現場でも自分の意思を出さず、ひたすら言われたとおりやっています。

めちゃくちゃなＣＭでもご機嫌でやりますし、ラフ×ラフの「１００億点」のＭＶ（※7）も、クリエイターに意図があっての「おもちゃになってください」なので、喜んでやるんです。それこそこの番組本でも、(カバーのおまけ用に)ギターを持たされたり、アロハを着させられたりしていますけど、どう遊んでくれているのかわかっているから乗っかれるわけで。

一方で、変わらず続けている番組がありますが、つくり方は常に変わり続けています。『ゴッドタン』も、ずっと変化しているから20年も続いているわけで。最初はおぎやはぎと劇団ひとりさんのおもしろさを知ってもらうための番組でしたが、だんだん企画として攻めている番組にしていき、映画(『キス我慢選手権 THE MOVIE』)やライブ(「マジ歌ライブ」)をやるようになりました。

さらに、MCの人たちが売れたことで、今度は新しい人材を発掘する番組として、三四郎やEXIT、野呂佳代さん、朝日奈央さんなどを世に出していきました。今はその第3フェーズが終わって第4フェーズに入っている中で、方向性を模索している段階です。

というのも、ゴッドタンって、出演者もスタッフもだいぶ立場が変わってきているんですよね。僕もフリーになりましたし、スタッフも今やゴールデンの総合演出クラスになっている。プロデューサーとしては、できるだけ別のかたちで恩返しをしたりもしていますが、番組自体は「ゴッドタンだから」という理由でみんなやってくれている。ある意味、ラジオに近い存在なのかもしれません。

毎週の収録が純粋に楽しいというのがまずあって、その上で長く観てくれている視聴者と新規の視聴者との向き合い方を考えている。視聴者といっしょに歳をとりながら、もうちょっとゆるく悠々自適な感じにして長く続けていくか、まだまだ若い視聴者を獲得するために、終了してもいいからアクセルを踏んで過激なことをやるのか。まだ答えを探しているところですね。

（※5）エンタメ&コンテンツの今とこれからを考える、ＮＨＫのコンテンツ徹底トーク番組。

（※6）佐久間がアンガールズの田中卓志とともにＮＨＫのおすすめ番組を紹介するミニ番組。

（※7）「１００億点」は、佐久間がプロデュースするアイドルグループ「ラフ×ラフ」のデビュー曲。ＭＶの監督を映像作家の藤井亮が務め、２０２３年4月8日公開の初ＭＶの冒頭では「自分の存在感はなるべく消したい」と語る佐久間が悪目立ちし続けるというセンセーショナルな展開が話題を呼んだ。

悩むこともあるけれど、反省はしない

演者的な立場で表に出るようになったことで多少は名が売れたかもしれませんが、たまたま世に出る機会が増えただけで、「こういうこともあるから人生おもしろいよな」と思っています。それに50歳を超えたら、今のような仕事をしてい

るかどうかもわかりませんし。やっぱりつくるほうが楽しくてプロデューサー業に専念するかもしれないし、よりメジャーじゃないフィールドで勝負がしたくなって、あえて配信ドラマに仕事を集中させるかもしれない。ラジオは好きなので、やらせてもらえるかぎりは続けていると思いますが、そういう未来だってあるよな、と思っています。

自分が影響力のようなものを持つことについては、シンプルにうれしいです。自分がおもしろいと感じたものを広めたいという思いがずっとあったので。一方で、エンタメをおすすめする仕事が増えるにつれ、ただ自分が好きな作品を紹介するだけは済まなくなってきているんですけど。

コメントを依頼されたとしても、おもしろいかどうかは作品を観たり読んだりしないとわからないじゃないですか。だから、試写を観たり、原稿を読んだりしなきゃいけないんですけど、なかなかその時間が取れなくて。それで結果的に断ることになったら、「俺、断るためにこの本読んだのか……?」みたいな気分にもなります。それでも線引きをしつつ、できるだけウソをつかないように作品と向き合っています。大変ですけど、やっぱり、できるだけおもしろいものを世に広めたい気持ちは変わらないので。

プロデューサーとしての仕事については、もちろん悩むことはありますが、基本的に反省はしないようにしています。つくっているものが多すぎて、反省してると死んじゃうなと(笑)。「こうすればよかった」とは思わないようにしつつ、「もっとこうしたい」といった前向きな展望などはメモしているんですけど。

ラジオも同様で、オンエアの反省はせずに、「こういうトークをしたいな」「エンタメについて話すなら、こういうメッセージも入れるといいかも」と、前向きなことだけメモするようにしています。

ラジオについては3つのファイルをつくっていて、ひとつはこの先ひと月ぶんくらいのオンエア候補曲のリストで、もうひとつはその週に話したいことやおすすめのエンタメなどをまとめたメモ、3つ目がそれらをまとめたアーカイブ的なファイルです。オンエアのあと家に帰ったら、その日の放送のためにつくったメモをアーカイブ用のファイルに移すんですよ。その作業をしながらビールを飲んでいるときだけ、ちょっとオンエアを振り返る。「ラジオ楽しかった〜」と思える、大事な時間かもしれないですね。

フリーになってもうすぐ3年。これまで会社の都合で断らざるを得なかった仕事を受けられるようになり、おかげさまで忙しくさせてもらっていますが、「フリーになってよかったな」と思えるかどうかは、もう少し歳をとってみないとわかりませんね。今はそう思えるよう、一つひとつの仕事をがんばっていますが、10年後に同期が社長になったりでもしたら、「あいつが社長になれるんだったら……」とか思ってしまうかもしれない（笑）。そもそも管理職になりたくなくて辞めたわけですし、「やっぱ向いてなかったな」と思うんですけどね。

変わっても変わらなくても、やれることをやる

ラジオもおかげさまで5年目になりますが、安定してきたと思うようなことはないです。常に新しい何かを提供していきたいけれど、果たしてそれができているのかと、ずっと考えています。でも、年齢的なものもあって、パーソナリティとしての自分を変えていくことはなかなか難しい。

これまでも、パーソナリティが自分の中の怒りや価値観をぶつけるような番組

が好きだったので、そういうスタイルに憧れがあると言ってきましたけど、さすがに「やれることしかやれないな」という気持ちのほうが強くなってきました。自分の中の怒りとかはほかで出し尽くしたし、そもそもカリカリ怒るようなタイプでもないですから。今は僕にしかできない話を大事にしていこうと思っています。

変わったとしたら、自分というよりも状況かもしれません。昔は僕のことを知っている人なら、ほぼ僕の文脈、バックグラウンドをすべて知ってくれていた。その上で僕や番組のことが好きでも嫌いでも、納得はできたんです。でも、世代によってイメージが異なってくると、みんな自分の知っている面で僕を切り取っていくので、いろいろと誤解も生じるようになりました。

あと、ネットニュースに自分の顔写真が出ているので「えっ!?」と思ったら、MCをした番組やタレントについてのニュースだったりするケースも起きるようになって。そこに違和感はあるし、耐えられない人もいるのでしょうが、僕はもうある程度の誤解はしょうがないなと思うようになってきました。

また、普通のサラリーマンだったのが、「権威」みたいな存在だと思われたりすることへの戸惑いもあるかもしれません。M-1グランプリの舞台でウエストランドから「佐久間さ〜ん！」というワードが飛び出したり、YouTubeのチャンネル登録者数が150万人を超えたりすると、どうしても「なんか偉い立場のおっさん」みたいなイメージがついてきちゃうんですよね。まあ、「佐久間さ〜ん！」については、戸惑いいつつも得難い経験だったというか、しばらく話のネタには困らなかったんですけど（笑）。

それこそ、世に顔を出していなかったときは、現場でカンペを出しているから、プロデューサーだとすら思われていなかったんですよ。タレントのマネージャーさんとかも、みんないっしょに番組をやっている女性プロデューサーと名刺交換していたくらいですから。

ラジオパーソナリティとしてのキャラクターというのも、あってないようなものだと思います。ラジオのために自分をつくっているわけではないですから。テンションの違いはありますけどね。それこそ、シリアスめの仕事を頼まれて打ち合わせをしていたら、「(ラジオと違って)普段はけっこう暗いんですね」と言われたり。「あんなテンションでしゃべるわけねーだろう」っていう(笑)。でも、基本的に無理してないので、葛藤というほどのものもないですし、ラクではありますね。

それに、ラジオをちゃんと聴いてくれている人は、僕の中身は変わっていないとわかってくれる。そう思えるから、ラジオはすごく大切な場所なんです。幸い、家族もそういうイメージのひとり歩きに振り回されないくらいのリテラシーを持っているので、その点も助かっていて。妻は同じ業界の人間ですし、娘も僕がネットでイジられようが、誤解されようが、たいていゲラゲラ笑ってくれます。

とはいえ、やっぱり状況が変われば自分のキャラクターも変わっていくかもしれません。ただ、無理にキャラクターを守ろうとしなくても、長く聴いてくれているリスナーなら受け入れてくれるはず。山ちゃん（山里亮太）だって、結婚してキャラクターが変わることを心配していたけど、そんなことないじゃないですか。変わるときは変わるものだから、気にせず話していこう、最近はそんな風に思えるようにもなりましたね。

厳選フリートーク グルメ編

「ワンオペのビストロ」には、あのあとテレ東の人たちとも行ったんですよ。そしたら、ご主人がすっかり僕のYouTubeのファンになってて（笑）。ワンオペだったのも、たまたま最初に行ったときだけだったみたいですね。普段はアルバイトの人がいるみたいなんですけど、急に休んじゃったらしくて。2回目は前よりいいオペレーションでした。（佐久間）

物語が始まるカウンター

2022年4月13日放送

こないだ、制作会社で打ち合わせがあって、地下鉄乗って向かってる途中に、その打ち合わせがなくなっちゃったの。そのあと、編集所に行かなきゃいけなかったんだけど、その時点で夕方の6時ぐらいで、次の仕事が10時っていう、3時間半とか空いちゃったのよ。で、地下鉄降りてその編集所に向かおうとしたんだけど、お腹すいたなと思って。雨が土砂降りだったから、いろいろ移動するのも面倒くさいなと思ったら、地下鉄の駅を出たところにガードみたいなのがあって、オフィス街なんだけど、1軒だけ居酒屋が開いてたのよ。

小さい、中が見えないタイプの居酒屋。でも、久しぶりに3時間とか空いたのに、まずい店だったらヤだなとかと思って、食べログを検索したの。俺、調べるタイプだから。検索したら、点数が3ちょっと、3ジャストに近い。でも、口コミの数が少ないからそんな点数みたいで、口コミだけ見ると褒めてはいる、みたいな感じ。だから、「もういいや、土砂降りだし、移動面倒くさいし」と思って、店に入ったのね。

ガラガラと（戸を）開けたら、カウンター1個でテーブルが2つぐらいのちっちゃいお店なの。で、大将が奥で料理してて、女将さんがいて、両方30代前半ぐらいかなっていう感じ。カウンターにはお客さんがふたりいて、テーブルにはもう食べ終わってる感じの女性客がふたりいたから、1個だけあるふたり用の小さいテーブルに座ったわけね。

まあ3時間あるし、ちょっと飲んじゃおうかなと思って、「焼酎のソーダ割りください。メニューはあとで考えます」って言って待ってたら、ちっちゃい店だから、カウンターのひとりのお客さんと女将さんとの会話が聞こえてきたのよ。目の前にカウンターがあるから、ぼーっとそのお客さんの背中を見てたら、中年のサラリーマンっぽいスーツを着たおじさんが、女将さんに言ったの、「ぬる燗、この酒でこの温度、ほんま完璧やん」って。「ちょっと待って!?」と思って。「あんた、ほんまもんになったね」って。

関西弁、イメージしてほしいのは『美味しんぼ』の京極さん（※1）のしゃべり方ね。わかる？鮎食べて泣いたおじさんね。若い人は、博多華丸・大吉の華丸さん、関西弁の華丸さんだと思ってください。そんで、「今日のお酒とお料理の組み立て、もう一流ですわ。もう言うことありません」って言うのが聞こえてきたの。えっ、関西……？　ここ東京の都心よ。東京のど真ん中で、常連による日本酒のテストみたいなものが行われた、ラストのセリフっぽい感じなのよ。「何？　どういうこと？　ちょっと、物語が始まってんじゃん」と思って。もしくは物語がクライマックス、終わったぐらいじゃん。

　なんだろうと思ったら、女将さんが「ありがとうございます」って言いながら、焼酎のソーダ割りをまず俺に持ってきてくれたの。で、「ナスの揚げ浸しです」って置いてくれたお通しのビジュアルが、めちゃくちゃうまそうで。「ちょっと待って？」と思って食べたら、めちゃくちゃうまいの。「ここ、いい店じゃん。俺、焼酎のソーダ割り頼んでるけど、日本酒頼んだほうがいいのかな」とか思ってたら、女将さんがまたカウンターに戻るわけ。

　戻ったら、女将さんがその京極さんに話し始めたの。「いや、私は自分が客のときに何がうれしいかっていうのを考えただけです。焼酎ってどんなつまみにも合うんですよね。だからすごい安心なんですけど、日本酒って合わないつまみもあるけど、合うものには強烈に合うんですよ。日本酒、深いですね」って。そしたら、ぬる燗飲んでた京極さんが、「そこまでわかったんなら、もう何も言うことはないどす」ってって。「うわっ！　京都！」と思ったら、ふたりが見つめ合って、「フフフ」「ハハハ」ってって。「エンドロール流れてんじゃん！」

と思って。ハッハハハハ！　いろいろ苦労して、たぶん(料理などを)突き返されたりして、今日、日本酒の合わせが完璧で、最後、たぶん寒くなってきたからぬる燗出して、「もう合格点です」っていう。なんつったらいいの？　たぶんこれ、朝ドラのＮＨＫ大阪(※2)がつくってんだ。ハッハッハ。それが今起きてんのよ、「俺、何焼酎のソーダ割り飲んでんだよ！」と思って。ハハハハハ！

そしたら女将さんが来てくれて、「メニュー決まりました？」って言うから、「おすすめは何ですか？」って聞いたら、「○がついてるやつです」「じゃあ、特製のポテサラと、ししゃもの燻製お願いします」「それはすぐ出ますんで」って言って戻って。焼酎のソーダ割りを早く飲み干さないと、と思って飲んでたら、そのふたりがまたね、頭から組み立ての話をしてるわけ。なんか日本酒の名前出して、「あれもう本当ね、ぴったりでしたし、あと、旦那さんのね、お料理もどんどん……」みたいなこと語って、「うわ～」と思ったら、もう「こちら特製のポテサラです、ししゃもの燻製です」って持ってきてくれたの。パクリっていったら、めちゃくちゃうまい、めちゃくちゃうまいのよ。

「あれ？　これは食べログ3で偶然入った店にしてはうますぎる」と思って。掘り出しもんだと思いながら、「加わりたい」と。このままだと俺、このNHK大阪の朝ドラのエキストラ止まりだから。アッハハハハ。無名の役者のままだから、この最終回に加わりたいと思ったの。もうそこから全部聞いてるから、俺。京極さんね、「でも、日本酒飲んでる客って面倒くさいのよ～、俺みたいに」って言ったの。そしたら、女将さんがもう「俺みたいに」ぐらいを受けて即、「でも、攻略するとおもしろいんですよね」って。フハハハハ！　マジでいちいちセリフじみてんだよ。「日本酒のお客さんって、最初は面倒くさいと思いますけど、ひとこと多い方も多いですし。でもね、攻略するとお会計もたくさんいただけますし、こうやってあなたみたいに、常連になっていただいて、店を愛してくださるんですよ。ありがとうございます」。「俺、なんで焼酎飲んでんだよぉ～」と思って。で、「フフフ」「ハハハ」って笑って、その奥で黙々と料理してる大将もニンマリとだけするっていう。ハハハハハ。もうすごくいい空気が流れてるの。「めっちゃいい感じじゃん！　よくわかんないけど、もう星野源流れてるだろ」と思って。ハッハハハハ。

もうどんなドラマなのか想像してるぐらいよ。女将さんがね、都会のど真ん中で、いろいろあって急にお店をね、夫婦で始めたのかな、っていう。最初はうまくいかなかったけど、常連さんとかとケンカしながら、日本酒に目覚めていくっていうストーリーかなと思いながら、「これはもうダメだ、エキストラのままで終われない」と思って。

焼酎のソーダ割りね、本当はちびちびやろうと思ってたの、このあと仕事だから。それをがぶ飲みしてさ、コーラみたいに。ンフフフ。で、日本酒のメニュー見たら、確かにいいラインナップあんのよ。俺の好きな日本酒もあったから、手を挙げて、「すいません、日高見くださ い、日本酒の」って言って。そしたら、京極さんがチラリと俺を見て。勝手な想像なんだけど、俺の食べ物を見た感じがすんのよ。試されてんの、俺も。「そのポテサラとししゃもで、日高見なのかな？」っていう顔した気がすんの。そこから緊張し始めちゃってさ。

そこで、女将さんが日本酒持ってきてくれたの。「日高見です。ほかにも載せてないお酒たくさんあるんで、好み言ってください。あとお料理も」って言われて、「う～わ～、そうじゃん、こんだけこだわってて、あの物語だったら、俺は『何が合いますか？』って言うべきだったのに、好きな日本酒頼んじゃって……。もうこうなったら絶対に、俺なんか仲良くなれないじゃん。うわ、失敗した～」と思って。そしたら、女将さんが俺の顔見てなのか、俺にだけ聞こえるぐらいの声で、「でも日高見って、究極の食中酒って言われてるんでなんにでも合うんですよ。正解です」っつって、いなくなったの。「う～わっ、すげえ接客じゃん」と思って、「すいません、この鶏の麴の味噌焼きもください」っつって。ハハハハハ。

ポテサラもうまいし、ししゃももうまい、日高見飲んだらうまい。たしかに合う、これ正解。

そうなると、次はもう絶対におすすめを頼まなきゃいけないと。まだ俺はね、エキストラなわけだから、1回も顔は映ってないのよ。バックショットしか映ってない。アハハハハ。これじゃエンドロールに載れないから、何か物語を起こさなきゃいけないなと思ってんの。

だから2杯目いきたくて、日高見もグイグイ飲み始めたら、京極さんが「じゃ、お会計。今度はまた2週間後とかに来れるかもしれないんだ」みたいな。それで、「いつもありがとうございます」って大将と女将さんがお送りして、カッコよく帰ってったの。そしたら、カウンター席が空いたわけよ。掃除し始めてる。「あそこに座りたい……！」と思って。フハハハハ。あそこに座ったら、エキストラじゃなくなる。顔を撮られるわけよ、NHK大阪の朝ドラに。ンフフフフ。そっちに行って、俺も同じことをやりたいから、掃除が終わって日高見を飲み終えたら、「そっち移っていいですか？」って言おうと思ってね。

で、飲んでる最中ぐらいに、カウンターにもうひとりお客さんがいるって言ったじゃん。その俺と同い年ぐらいのサラリーマンが、「すいません、そこ移っていいですか？」つって。「う～わ、てめえ、エキストラの分際で、何入ってきてんだよ！」と思ったら、そのサラリーマンが横にスライドしてさ、そのままお酒とかも全部スライドして、女将の前の席に座ったの。「やっべぇ、主役とられたよ～！」と思ったら、そのエキストラの人もけっこう飲んでる感じだったんだけど、下向いて、「あの、ちょっと話聞いてもらっていいですか?」って。「マジかよ、この日本酒物語のラスト、お前が飾んのかよ～」と思ったら、「妻とうまくいってないんですけど……」って。ハハハハハ! 全然関係ない物語が始まって、最終的にドロドロの妻とうまくいってない話をずっと聞いて終わったっていう。ハハハハハ。第2話が全然違う話だった(笑)。でもね、俺、通っちゃうかもしれない。

(※1) 京極万太郎は、グルメ漫画『美味しんぼ』に登場するキャラクター。京都の大富豪であり、食通として料理対決の審査員も務める。メインキャラクターの山岡士郎と海原雄山のそれぞれから鮎料理を振舞われた際には、幼少期を過ごした高知県四万十市の鮎を雄山から出され、「これに比べると山岡さんの鮎はカスや」と発言。このひとことはネットミームになるほどの名言として知られている。

(※2) NHKの連続テレビ小説は、東京制作と大阪制作、交互に作品が制作されており、大阪制作の作品は関西を舞台にした人情味のある物語が多いことが特徴。

この日のプレイリスト　星野源「喜劇」

この日のおすすめエンタメ　漫画『ダーウィン事変』(うめざわしゅん)

ワンオペのビストロ

2022年6月29日放送

たまにごはんを食べに行くおじさんメンバーがいるんですけど、1コ上のテレ東の先輩と、作家の川上さんっていうおじさん、3人でグループLINEをつくってて。その先輩から、おいしそうなビストロを見つけて予約したと。「俺も行ったことないんだけど、佐久間さ、空いてない?」って言われて。急だったんだけど、ロケが夕方に終わるから、6時だったら行ける。川上さんも行ったことがなくて、3人とも初めて。でも、「いいっすね」って行ってきたの。

ビル街にある、本当にちっちゃい店で、テーブル3席ぐらいしかない。先に1組、男性ふたりがいて、俺たちが真ん中のテーブルに座ったら、店主の方、俺と同い年ぐらいでガタイのいい、一見強面な感じの方が、「はぁ〜! すいません、どうもどうも」って。その時点でめちゃくちゃテンパってんの。

「どうしたんだろう、この人?」と思ったら、「あの、コースでしたよね? 準備してるんで大丈夫です。今日はおいしいですよ〜」って。すごい人当たりがいい人だな、とかと思ってたら、先輩が「たぶん、アラカルトで予約してんだけど、すげえ勢いでコースって言ってるし、あの勢いだとコースで全部準備しちゃってるから、もう今日はコースでいい?」って(笑)。隣のテーブルも(コースと言われて)首かしげてるから、たぶんそうだと思うんだよ。ハハハハ! っていうスタート。その瞬間、厨房のほうで「ガシャガシャガシャーン!」って、皿が数枚割れた音がして。けど、店主の顔見ると、何もなかった顔してんのね(笑)。ちょっと疑問は残るけど、でも先輩が人づてに聞いたおいしい店だって言うから、いいかと思って。

で、飲み物注文しようと思って手を挙げたら、自分の店だよ? ワンオペなんだよ? 俺たちのテーブルまで3メートルぐらいしかないのに、3カ所ぐらいにぶつかってくるのよ。フワッハッハ。どういうことなんだろうなと思ってたら、先輩が店主おまかせのスパークリングワインを頼んでくれて。そのテーブル、店の壁側に俺と川上さんが座ってて、向かい側に先輩が座ってんのね。で、店主がスパークリングワインを先輩に注いだわけ。今度、その位置から俺と川上さんに注ごうとするわけね。俺にはギリギリ届いたけど、そのまま川上さんになんとか注ごうって『SASUKE』(※1)的なチャレンジしてるから、ほぼこぼすっていう。ハッハハハハ。ちょっと回ればいいだけじゃない？

そっからだよ。「アミューズ（おもてなしの小皿料理）が出ます」って言うから待ってたんだけど、15分ぐらい出てこない。でも、厨房ではなんかバタバタしてんの。皿の割れる音とかも聞こえんの（笑）。「大丈夫なの？」と思ったら、「こちらアミューズです」って、すごい大きい5センチ角の冷製のパテみたいなのが出てきて。「切るだけじゃない？」ってちょっと思ったね。フフ。これで15分待つんだ、でもそういうこともあるな、と思って食べたの。めちゃくちゃうまいのよ。俺が食べたパテ史上でもトップクラスにうまい。「ここ、うまいじゃないすか！」って盛り上がった。そっから料理全然出てこねーの。クククク。

そしたら、別のお客さんが入ってきて、その方たちも初めてだったみたい。女性の親子、50代ぐらいのお母さんと、20代半ばぐらいの娘さんが座ってきて、その方たちも初めてだったみたい。そこは店主が「アラカルトでしたよね？」って言ったの。んで、その人たちも2〜3カ月前に予約取ってるから覚えてないんだけど、「たぶんそうです」つって。アラカルトだったら、「メニュー説明させてください」ってなるじゃん。ドデカい黒板に、めちゃくちゃな量があるのね。それをちゃんと説明しだしたから、ワンオペじゃん？　すべてが止まってんだよ、その時間。アッハハハハ！

結局10分ぐらいかけて、その女性たちは牡蠣のソテーの盛り合わせみたいなのと、もう一品ぐらい頼んで、店主が戻ったの。

すべてがストップして、俺たちはスパークリングワイン飲み干しちゃったから、「すいません」って言うしかなくて。呼びたくないのよ、止まっちゃうから。ハハハハ。またバタバタって現れて、このあと魚が出るって言うから、「じゃあ白ワイン」って言ったら、「白ワイン、おすすめのがあるんですよ。1リットルの大きいのがあるんで」って。「そうなんすか？　こっちはどうすか？」「でも、この1リットルの……」。**お前、ピッチャーで飲ませようとしてる居酒屋の店員じゃん、っていう（笑）。**もう自分に時間がかかるっていうのを見越した上での1リットルボトルじゃん。でも、まあいいですってお願いしたら、それもおいしかった。安くてうまい。だけど、そのときも同じ失敗を繰り返して、また川上さんにビショにかかってるっていう（笑）。だから、200ミリリットルぐらい減って、普通のワインの量でスタートしてんだけど。

でね、結局、2皿目出るまでに30分くらいかかったわけ。出てきたのが、「サーモンの瞬間燻製です」みたいな。「いや、『瞬間』ってなんだよ。30分待ってんだけど」と思って食べた瞬間、**死ぬほどうまいんだよ。**ハハハハハ。びっくりしちゃってさ、「うますぎませんか？」

みたいな。フレンチとか行き倒してる先輩も「これは高級店にも負けない、めちゃくちゃうまいよ」つって。「ですよね？　ワインもめちゃくちゃ合いません？」「あいつ、なんなんだ⁉」って言ってたら、「あ〜‼」って声が厨房で聞こえて。

何かなと思ったら、「すいません、お客さん！　パン、そのソースにつけて食べてほしいから」つって、急かす感じで、丸いパンをトングで1個ずつ置いてったの。で、その先輩がパンを持った瞬間に「あっち！」つって。「ビビンバとかに入れる石⁉」みたいな。普通はちょっと冷まして持ってくんじゃねーかなっていう。

釜から直出しのファイヤーボールみたいな熱さのパンが（笑）。

サーモンも、のり弁とかに入ってる銀じゃけ3〜4枚分くらいの、ドデカくて分厚い、アラカルトで出てくる量が届いたの。それを崩しながらさ、ちょっとだけ冷めたパンをちぎってソースつけて食べたら、めちゃくちゃうまいのよ。あとはメインが出てくるだけなのかな、とか思ってたんだけど、そっからまた20〜30分出てこなかった。

でも、サーモンがうますぎたから、全然待てる。あと、こっちには1リットルのワインがあるから。そしたら、隣のアラカルト女性親子に牡蠣のソテーが届いたんだけど、それが直径25〜30センチの皿に、縦15センチ近い山盛りの牡蠣が載ってて、なんつったらいいんだろう、

ナウシカの王蟲（おうむ）（※2）みたいなやつ？　ドーム状のすごいやつが、ドーンと置かれて。親子の顔が引きつってる、フフ、普通の女性ふたりだったら、それでもう胃は終わるから。牡蠣って、ひとり4つぐらいでいいじゃん。ウハハハ。

この店すげえなと思ったら、「ホワイトアスパラガスです」って、今度は俺らのとこに届いたの。白くてぶっといホワイトアスパラガスがひとり2本、ドン、ドンって。うまいんだけど、そのときに、店主がドデカい、すんごい良さそうな肉の塊持ってきて、「今日のメインなんですけど、熊本のあか牛が手に入ったんですよ。すごくいい状態なんで、普通コースだと出さないんですけど、お値段据え置きのまま、私のわがままでこっちに変えていいですか？」って言われたの。「おぉ〜……すごいサービス精神」と思って。厚さ15センチ、横幅30センチぐらいの塊。ここまで来ると、「こいつ、それそのまま焼くんじゃねーの？」っていう。フハハハハ。でも、「これおいしいですよ〜、絶対食べてほしいんです。今日の状態を」って言われたから、「お願いします」つったら、うれしそうに戻ってって。

「うわ、食えるかな〜」と思ってたら、川上さんが「佐久間さん、さっきお母さんがつぶやいてたの聞こえたんですけど、このあと、メインに仔羊のパイ包み頼んでるらしいんですよ。パイ包みって、けっこうでかいっすよね。あのふたり、絶対無理だと思うんすよ」っていう。それはもう絶対無理よ。こっちはあか牛ですから、「なんとか食べましょう」っつって、それから15分待ってたの。

そしたら、「お待たせしました。白身魚のパイ包み焼きです」って、サーモン、ホワイトアスパラのあと、ドデカいホールのパイ包み焼きが届いたの。なんかホワイトアスパラっぽいやつで囲まれてて、さらに緑のアスパラで囲まれてて、開けると白身魚が何層にもなってて、うまそうだけど、直径10センチ、高さ8センチ。ハハハハハ。それがひとりずつ来るわけ。もう戦慄だよ、俺たちはあか牛で終わりだと思ってたから。「そうだそうだ、（次は）肉なんでワインも変えましょう」っつって、今度は赤ワインの1リットルのやつも届いて（笑）。

食べたら、俺が今まで食べたことないぐらいうまい。パイをぐしゃっと割ってソースつけて食べると、「なんだこれは！　もう全部ホームランなんだけど」っていう。ハハハハハ。「うまいですね～、でも、これで俺たちの胃は終わりましたねぇ～」って言ってたら、隣の親子のところに「仔羊のパイ包み焼きです」って、アメリカのパーティーで見るターキーのサイズの、ホールケーキみたいなパイが来て。4分の1ぐらいに切ったら、そこにぎゅうぎゅう詰めの仔羊の肉が入ってる。お母さんね、天を仰いでて、娘は長い深呼吸をしてて、ンフフ、俺たちは心の中で「頑張れ、頑張れ！」って応援してる。お母さんは手をつけない。で、娘さんだけ食べて、「うまいんかい！」って。ウハハハハ！　「ソースが超うまい！お母さんも食べたほうがいいよ」って言ってて、お母さんも渋々「ひとくちだけだよ」って食べてて。

今度は、ステーキ焼き始めたんだよ。そしたら、店内が煙でいっぱいになって（笑）。それに気づいた店主が、バタバタバタバタって、いろんなものにぶつかりながら、慌てて玄関をバコーンと開けたの。何かしらセッティングしてバタバタと戻ったんだけど、そういう店主だから、そのままバチーンって扉が閉まるわけ。店主に言おうかって一瞬思ったけど、そうするとすべてが止まるじゃん。だから換気中、俺たちと隣のお客さんで順々に扉を支えた、店主にバレないように。とりあえず一回、あか牛に集中してもらおうと思って。そっから15分ぐらいかな、夕方6時に入って、もう9時半なの。3時間半経ってんだよ。川上さん、9時からの会議をリスケしてるから。フハハハハ。

そしたら、あか牛のステーキが登場したんですけど、厚さ3センチ、横25センチのステーキが2枚、ドン、ドンってきて、その上に大量のジャガイモのソテーが付け合わせにドーンって載ってる状態。「ああ、うんうん、絶対無理ぃ～」と思って。ハハハハハ。でも、店主が見てんのよ。食べてほしいんだもんね。ひと口食べるまで見てるから、切って食べたの。めちゃくちゃうまいんだよ。もう心の声出ちゃった、「お腹すいてるときに食べたかったなぁ～」って。ハッハハハハ。おいしいんだけど、本当にすごい量だから、店主がちょっと去ったぐらいのときに、1回止まっちゃった。「これどうします？」「ゆっくり食べたら、もう10時超えちゃいますよ」みたいなこと言ってたら、店主が近づいてきたの。

「大きいですよね～」って近づいてきたから、これは「包めますよ」ってことなのかなって。「そうですね、すいません、ボリュームたくさんあってホントありがたいんですけど」って言ったら、「あの、脂がたまっちゃうんで、早く食べてもらっていいですか？」って言うんだよ。アッハハハハ！「はい！」つって、俺たちも一生懸命食べ始めて。「こいつ、死ぬほど料理好きなんだな」と思いながら。ハッハハハハ！うれしそうに店主が見てるから、もう監視つきで食べさせられてる。横見ると、お母さんはもう食べてないで、娘さんがお母さんの分も自分に集めて食べてんの。

俺たちも負けずにステーキ食ってんの。「これ、どっかで見たな……『TVチャンピオン』の大食い選手権（※3）だ」と思って。もう（頭の中で）その音楽が流れながら、赤阪さんとか白田とかの気持ちですげー食べて。15～20分かけて、そこにいるみんな、お母さん食べてないから、6人で食べたの。

でも、最後の3分の1ぐらい、どうしても食べられなくて、「どうする？」って、誰が食べるかみたいな感じになってたときに、店主が近づいてきて、「ちょっと残ってますね。これ、包みましょうか？」つって。「翌朝温めてね、パンに挟んだりしてもおいしいんですよ～」って言った瞬間？　全員が「包めるんかい！」って。アハハハハ！　そのあと、会計したのね。めちゃくちゃ安いんだよ。あいつ、料理100の天才。

（※1）　TBSのスポーツ特番で、出場者はさまざまなアスレチックに挑戦し、パーフェクト達成を目指す。世界各国で展開される海外版も人気があり、ロサンゼルス2028オリンピックの近代五種に採用されたことも話題になった。

（※2）　漫画・アニメーション映画『風の谷のナウシカ』に登場する巨大生物。ダンゴムシのような形状で、多数の歩脚とドーム状の眼を持つ。

（※3）　あらゆるテーマでその道の達人たちが勝負を繰り広げた、テレビ東京の人気番組。「大食い選手権」は人気企画で、赤阪尊子、ジャイアント白田など、人気フードファイターを多数輩出した。

この日のプレイリスト　東京スカパラダイスオーケストラ「リボン」

この日のおすすめエンタメ　映画『わたしは最悪。』

よくしゃべる寿司屋

2022年10月12日放送

このラジオでも話してる、ごはんを食べる先輩と作家さんがいるのね。オダカさんと川上さんって人なんだけど、そのふたりはよくごはん誘ってくださるの。この前も「お寿司屋さんを見つけました。できたばっかりらしいから、試しに行ってみませんか」って。先輩たちも行ったことないって言うんだよ。できたばっかかで予約取れるらしいから行こうって。

で、当日お寿司屋さんに行ったら、すごいちっちゃいきれいなお店で、カウンターが5～6席しかない。大将は30歳前後で若い。で、俺ら3人以外に20～30代のカップルがいらっしゃって、その5名だけ。そこの大将が、気風がよくて、ものすごく明るくて。「じゃあおまかせ、出していきます」って。

順番的に俺が一番最初に出るわけ。カウンターの端っこだったたから。見てたら、ナスを握ってる。

握りでいきなりナスなんだと思ってたら、「はい、おいでなす」って言って置いたの。「はい、おいでなす」って5人全部。お、どうした？　なるほど、そういう店かぁ。はいはいと思って。「おいでなす」食べたの。おいしいですよ。

「続きましてね、いきなりイクラいっちゃいます」って言って、なんかちっちゃいお皿に少しシャリを盛って、ミニいくら丼みたいにしてくれるのよ。「はいはい、イクラ。いくらでも出しまーす」って言って。2連続！「ということは、もしかしたらそういう店かも」と思いながらも食べたらうまい。でもな、どっちなんだろう。

そしたら、「続いて、焼き魚いきます」って言われて。「焼き魚か、これで気分変えよう」と思ったら「ちょっとカマさないといけないんで」って。フハハハハ。「驚くでしょう、カマしますよ。カマしちゃいましょー！」って。いや、もう言ってるから、それ。こっちは「その焼いてるやつね」と思ったら、「はい、カマスです！」って言って。アハハハ。俺のところに出して「カマスで、カマさないと！」って言うから、「ウゼーっ！」と思って。フリが拙すぎ。もう全部言っちゃってんだから。でも、うめぇと思って。

大将ね、20代後半ぐらいよ。奥さんも20代の半ばぐらいのご夫婦でやられてる店だから。なのにマジかよ、このテンションで来んの？

そしたら、「ここからマグロです」って。大将が「僕、マグロ大好きで。普通は若い店なんかはやらせてもらえないけど、有名なマグロの店に手紙書いたり、修業に行ったりして、死ぬほどお願いして扱わせてもらえるんです」って。これはいい話ですね。ここから料理の話すんのかなと思ったら、「まず、いきます。大間のマグロ、大マグロ、オーマイガー！」って言って。ちょっと待ってくれ、これうまくもなんともねぇなって。フハハハハ。「大マグロ」はね、多分「オーマイガー」につなぎたかったんだよ。「大間のマグロ」から「オーマイガー」にいきたかったんだけどいけなくて「大マグロ」っていう謎の言葉を挟んで「オーマイガー」って。俺、「オーマイガー」を渡されてたんだよね。で、それ食べてるんだよ。でも、うまいんだよ。大将はそれ5人やってくから。カップルの女性は4回聞いて最後自分に回ってくるからね、「オーマイガー」が。

そのあと、マグロが何回か続くんだけど、漬け握ってるとき、なかなか出てこないから、「あれ？こいつ、思いつかないのかな？」って。クイズにするわ。マグロの漬け握りながらなんて言ったでしょうか？　「マグロのドゥケでーす！」って。アッハハハハハハ。マグロの漬けで何出してくるのかなと思ったら、「ドゥケでーす」って。言い方だけ。もうよくわかんない。俺、ドゥケ食って、もう我慢できなくて笑っちゃったのよ。ドゥケはやっぱさすがにおもしろくて。「思いつかなかったんかーい！」って思いながら食べて。おいしかったんだけど。

マグロ済んで次の準備するとき、女将さんもいたから「いつもこうなんですか?」って聞いちゃったの。そしたら女将さんが、「いつもこうなんです……今日はみなさん温かいから、ノってます」って言って。「すごい空気のときもあります」みたいな。

そしたら大将が「やめません」って。「やめないです。出ちゃうんで。体から出ちゃうもんなんで」。あー、すっごいっすね。「僕、タフなんです」って。「僕、ずっとボクシングやってまして。10代からプロまで、ボクシングやってました。70戦やってんすよ。1回もダウンしたことないです。マジで1回もない」って。で、経歴聞いたらめちゃくちゃ強いのよ。いや、でもそれ体の話だろうと思って。フハハハハ。メンタルのタフ関係ねぇじゃんって。「僕、いくらスベっても全然大丈夫です」って言われて、もう言わなかったけど心で「寿司関係ねぇじゃん!」と思って。ンフフ。

そこからはもう宣言しちゃったから、やめないんだよ。俺たちもガード上げてたんだけど、もうあっちのラッシュがすごくて、「はい、こちら」「隅に置けないイカです、はい。スミイカでーす!」つって。スミイカ、うまかった。「ちょっと間におぼろかましてまーす」って。おぼろの卵みたいなやつね。一拍あって、「オモロー!」って言ったんだよ。アッハッハッハ。これウソじゃないんだよ、マジで。「おぼろかましてます、オモロー！」って言っちゃって。「うっわ！」って思って。そのあと、エビを握ってたの。今度はなんて言ったと思う？　エビでなんて言ったか。クイズだよ。この番組といえばクイズだからさ（笑）。血液型とか聞かれたらヤだなぁとかって思ってたの。そしたら「このエビすごくおいしいんですけど、なんでおいしいか証拠があるんですよ。その証拠を説明します」ってエビの説明してくれたの。ついに心を入れ替えたのかなって思ったら、「はい、エビデンスのあるエビです」って。アハハハ。わかんなかっただろ？「証拠」がフリになってたんだよ。俺は気づかなかった。こっそり「おいしい証拠、示しますね」って振っといて。「うーわ、思いつかなかった〜」と思って。

今度、アジを握り始めたの。アジはたくさんあるじゃん！　アジ握りながら、なんて言ったと思う？　俺たちも心の準備してたの。オダカさんと川上さんと目を合わせて「これはね、なんだと思います？」みたいなのを小声で言っちゃうみたいな。そしたら「シマアーズィーです！」って。また、言い方。わかんないでしょ。その言い方で気づいたんだろうね、出し終わったあと「ZAZYです」って言ったんだよ。アッハッハッハ。それは今「アーズィーです」の口で「これ、ZAZYいけるな……」って思って言っただろっていう。これ「ドゥケ」パターンね。うまいこと言うパターンもあるし、「ドゥケ」とか「アズィー」のパターンもあんのよ。いろんな球持ってるから。フハハハハ。

日本酒を替えに来てくれた女将さんが「調子のいいときと悪いときがあるんですよ」って言ったのよ。今日どっちなんだよ！　これはいいときなのか、悪いときなのか、どっちだよ！

このあとね……まだ続くんだよ。俺もカウンターで同じ気持ちだったんだから。ホッキ貝握りはじめて。俺も心の中でこれは「一念発起」とかそういう感じで行くのかな？いや、ちょっと待ってよ。このテンションで言ったら……。「ホッキ」だよ？　最悪のパターンあるじゃん。絶対に下ネタはやめてくれと思ったのよ。あの言葉。**まぁまぁ、「勃起」なんだけど。**それだけはやめてくれよ。俺たちだけならいいぞ。カップルの20代女性がいて、お前、勃起でいくんじゃねぇだろうな……と思ったら、ホッキを一回置いたわけ。

俺、「これ悩んでんな」と思った。こいつ、もしかして言う気なんじゃねえかと。やめろよ……と思いながら待ってたら、ガスバーナーでホッキ貝を炙り始めたの。で、**「軽く表面をアヴリル・ラヴィーン！」**つったの。アハハハハハ。予想外だったよ。「思いつかないから炙っただろ、お前！」っていう。本当は炙らなくてもよかった寿司を、ちょっと違うのいこうと思って。正直、めちゃくちゃおもしろいなと思って。「それはもう思いつかないよ」って笑っちゃってたら、**「久々に握りました、ホッキ貝。一念発起で」**って言って。今思いついたのか！　弱いのをあとで持ってくるんだよ。アハハハ。

そしたら、川上さんも思ったんだろうね、構成作家だから。寿司に関しては何も言わないけど、構成作家の血が騒いだのと、もう酔っぱらってるから。「アヴリル・ラヴィーンはよかったんですけど、一念発起はさすがにわかりやす過ぎるというか。テレフォンパンチ（※1）だ」って言ったのよ。ボクサーの体の動きで、パンチをどこに出すかわかるっていうやつ。そしたら「悔しい……！」って言いはじめて。俺はそれをハタで見ながら「お前ら、寿司の話しろよっ！」って思って。アハハハハ。

そしたら大将もちょっとテンパり始めて、もう思いつかなくなってきて。途中でお椀が出てきたのね。何が入ってるか、俺たちまだわかんないんだよ。それなのに急に「MCハマーです」って言いはじめて、こっちは「?」よ。そしたら「はまぐりのお吸い物です」って言ったのよ。明らかに逆じゃん。「はまぐりのお吸い物です、MCハマーです」なら掛くても、わかる。けど、テンパっちゃってるから先に「MCハマーです」って名乗って、全員をキョトンとさせてから、「あ、ハマグリのお吸い物です……」と言ったのよ。でも、そのお吸い物もすごくおいしかった。

で、大将「ここからラストスパートなんですけども。どうですか、ここまで。おもしろかったっすか？」。あ、そっち⁉　「いや、あー、うーん、おもしろいのとおもしろくないのありました」って正直に言って。こっちはプロだから、テレビやってるから。そしたら「はい、こちら。のどぐろの塩水寝かし漬けです」って。めちゃくちゃうまいの。「これは一晩塩水に漬けて、それをもう1回味つけて握ったんです。それにちょっと火入れたんです」みたいな。すごい手間ひまのやつじゃん。「ここで勝負のボケしろよ！」と思って。アハハハハ。

そのあと、もう一回エビ握りながら「お客さん、血液型、何型ですか？」って。アハハハ。「ここでそのレベルに戻るの？」と思ったら、「はい、AB型です」って出して。もうこいつ疲れたんだろうな。タフだとは言いながら、5人がちゃんと受け止めてくれる機会はなかなかないだろうから、ちょっとボディから足にきてんだよね。

最後のほうでアナゴ、何も言わずに出したわけよ。もうこれは尽きたなと思って食べたの。そしたら「ちょっと香ばしくないですか？」って聞かれたの。「たしかにちょっと焼いてて、塩で香ばしいですね」「香田晋です」って言われたんだよ。いや、もうそれはダジャレでもなんでもねぇし。「これは大学のころの始発待ちのガストだよ」と思って。

俺の親友が、ベロンベロンに酔っぱらってガストで朝までいるときに、ガムシロップ見ながら「どうもガムシロシンゴです」、タバコ吸いすぎて「タバコスイス銀行です」って言ってたんだけど、そのころが一瞬フラッシュバックしながら、「全然めちゃくちゃだから！」と思って。そして最後に、もう一回お椀が出てきたのよ、味噌汁が。終わりかぁと思ったら、「あとちょっとだけ出るんですよね」って。「まだ終わんないですけど、お椀です」って出して、俺たちがお椀を開ける瞬間ね、「終わんないとカーニバール！」（※2）って言ったの。そしたらなぜかだよ、俺たちもゾーンに入ってたのかな。俺、オダカさん、川上さん、お椀上げながら「フゥーーッ!!」って言ったのよ。「やっぱガストじゃ〜ん！」って思いながら。フハハ。味噌汁飲んだらめちゃくちゃうまかったの。

なんて寿司屋だったんだと思ったら、オダカさんが「あの、大将。もう次の予約取れますか？」って聞いて。アハハハハ。「次の予約もお願いします」って言うから、「俺も行きます！」って。で、もう次の予約取ってある。楽しみですよ。

（※1）拳を耳のそばまで引いてから繰り出すパンチ。動作が大きいせいで、打つことが相手に読まれやすい。
（※2）氣志團の代表曲といえば「One Night Carnival」。

この日のプレイリスト　梅田サイファー「ビッグジャンボジェット」

この日のおすすめエンタメ　『じゃないとオードリー』（テレビ東京）

常連の鰻屋

2022年11月16日放送

来ちゃった♡

昭和44年創業とかで、50年ぐらいやってる鰻屋さんがあって、大将は80歳とか超えてんのかな。ロケで1回行って以来、おいしいなと思って1年に1回ぐらいだけ行くんだけど、1年に1回だから大将も覚えてないわけ。で、毎年、カウンターにふたりぐらいで座ると、「ここね、本田宗一郎（※1）の行きつけなんだよ」っていう話と、全部溶けてる爪見せてくれて、「ライターであぶっても熱くないんだよ。だから俺はね、鰻ギリギリまで焼けんだよ」っていう話を聞くの。それを毎回楽しみにしてた店なんだけど。

それがついに、去年か一昨年ぐらいから、女将さんが顔を覚えてくれて、「去年も来たよね？」みたいなことを言われるようになって。今年の5月に行ったときは、「なんか（テレビで）見たわよ」とかって盛り上がって、けっこう打ち解けた感じになったの。それで、「1年に1回じゃなくて、また来てよ」みたいなことを言われたんだけど、なかなか行けなくて。それが先週、夕方ぐらいに仕事が終わったら、オダカさんっていう先輩が、「俺たちの予約あるから、佐久間行こうよ」って誘ってくれて、行ったの。

もうさ、俺の頭の中には、5月に行ったときにめちゃくちゃ盛り上がった記憶があるから、「どうも、どうも！」みたいな感じで入ったのよ。「来ちゃった♪」みたいな感じ？　フフフ。そしたら、女将さんが出てきて、「お名前は？」「オダカです」って言って。予約は俺の名前じゃないからね。「ああ、オダカさん、こちらです」って言われて座って。

「うな重、予約されてますか？」って聞かれて、「予約してます」って言ったら、じゃあ準備してるから、すぐ出てくると。で、「何かお飲みになりますか？」「冷酒で」「はい、お酒出しますんで」「あと、お新香も食べます」「そうですか」って、いなくなったの。丁寧に対応していただいたんだけど、「あれ？」と思って。俺、「来ちゃった♪」って、バーみたいな感じで入っちゃってるから。ハハハハ。「あらあら〜！　佐久間さん！」の感じを待ってたのに、なんだろうなと思って。次、冷酒を持ってきてくださったから、「いや、楽しみですね、鰻」とかって言って、チラッと見たんだけど、「はい、どうも〜」って半笑いで。「あれ？　よそよそしい」と思って。

半年前、「佐久間さん、ちょっと太ったんじゃない？　この雑誌の写真より」とかって盛り上がったのに。先輩たちとも「あれ？」って空気になって。半年前と違うなと思って、忙しいのかなってチラッと見たら、そうでもないんだよ。

今度、鰻ね。うな重が届いたから、「ここは」と思って「うわっ、楽しみだな〜！」って言って。ハッハハハハ。なんつうの？　毎回来てる感じ。「やっぱこれ、うまいっすからね〜」ってチラッと見ながら、開けた瞬間のリアクションも「うーわっ、これだよ」つったの、俺。カメラ回ってないんだよ。ウハハハハ。「これだよ、うーわっ、このためにがんばってますからね」みたいな空気出してたら、女将さんは、常連に対する笑みではない、お客さんに対する笑みで去ってったの。「あれ？」って思って。いや、そんな常連なんていうのは滅相もないよ、1年に1回だったのが、2回になっただけだから。でも、あんな盛り上がったのにな、と思いながら食べてたら、やっぱおいしいんだよ。

食べてて、チラッて厨房を一瞬見たら、女将さんが、ちょっと離れたところから俺たちを凝視してんの。目が合ったら、目をそらすのよ。「ええ!?」と思って。絶対見てたの。そこから気になっちゃって。鰻うまい、心モヤモヤ。俺、『(佐久間宣行の) ずるい仕事術』っていう本で、ちょっと店を紹介したの。それには喜んで出ていただいたんだけど、「なんかあったのかな？」

とか思って。「俺、小学校のころ、親友だと思ってた友達の誕生日会に呼ばれなかったことあんなぁ」って、急に思い出して。フフフ。**俺、3軍**※2**だな、やっぱ。**ハハハハハ！ うまい鰻食いながら、「3軍が食う鰻じゃねーな」と思って。アッハハハハ。

そうなると気になってきちゃうのは、**常連ヅラした、最初の「来ちゃった感」**が良くなかったんじゃないか、みたいな。3軍のくせに？ 分不相応の鰻食いながらさ、「特上なんか頼むんじゃなかった」と思って。寂しいなと思いながら食べてたんだよ。

で、めちゃくちゃうまかったけど、ちょっと心が沈んでる感じのまま食べ終えて。3人でお金を払って、もう常連ヅラはやめようと思って、丁寧に「ごちそうさまでした。おいしかったです。また来ます」みたいな、ちゃんと3軍の挨拶した。「3軍の挨拶」じゃねーよ。ハハハハハ。当然の挨拶なんだけど、したわけよ。そしたら、女将さんが「ありがとうございました」って言って、そこにいるわけ。なんかヘンな空気が流れて、何か言いたそうなのよ。「ありがとうね。あの〜……まあいいわ」って言うから、「まあよくないですよ。どうしたんですか？ なんかあったら言ってください」つって。「あのね、こんなこと言っちゃうと、ちょっとヘンなのかもしれないですけど」って言うから、「いやいや、なんでも言ってください」って。

頭の中で、「これは何か失礼なことをしたのかもしれない。でも、そのまま出てくよりは、ここで謝ったほうがいいかな」と思ったら、「あのね、不思議な話なんだけど、うちの常連さんでね、あなたにそっくりな人がいるのよ。プロデューサーでね、最近はけっこうテレビに出てる人なんだけど。最初はね、気づかなかったの。でも、食べてる姿を見たらそっくりで、もうちょっと我慢できないでね、こんなことをお客さんに言ったらあれかなと思ったんですけど」って。「それ、俺ですよ」って。フフフフン。「いやいや、佐久間さんっていうんだけど」「いや、だから俺、佐久間ですよ」。「えぇ〜⁉」って女将さんがびっくりしたから、こっちの3人が「いや、えぇ〜⁉ 俺たちですよ！」つって。

「だからよそよそしかったんすか？ 佐久間のそっくりさんが来てると思って、ずっと遠巻きに見てたんすか？」って言ったら、「そう。すごい似てると思って。でも絶対違うから」って。「何が違うんですか？」「だって今日、佐久間さんの名前で（予約）取ってないじゃない」つって。「いや、今日はオダカさんの名前で取ったけど、そんなこともあるじゃないですか」つったの。

そしたら女将さんも、マズったと思ったのか、急にね、「あれ、髪型が違う」って言い始めて。「いや、俺、髪型変わってないっすよ。ちょっと伸びたかもしんないすけど」つったら、「前来たときはオールバックじゃなかった？」って言い始めて（笑）。「え、小手伸也（※3）来ました?」っていう。ハハハハハ。それはたぶん小手伸也です。

わかんないんだけど、女将さんが「とてつもなく失礼なことをしたんじゃないか」っていうテンションになった結果、俺を佐久間ってなかなか認めないムーブに入って。ンフフフフ。「いや俺、オールバックのときなんかないですよ」っつったら、「でも似てると思ったの、目元」って言うから、「いや違うよ、俺だから」っつって。

今度は、「ちょっと待って。今日ジャケット着てない?」って女将さんが言うの。「たしかに普段はジャケット着ないけど、今日取材だったんでジャケット着ました」と。「だからだ」って言うから、「ジャケットで俺の顔とか大きさって変わります?」つって。したら、オダカさんが「いちおう脱いてみればいいじゃん」って言って、ジャケット脱いだのよ。脱いだ瞬間に、女将さんが「佐久間さんだ~」って言い始めて。ハハハハハ! いや、ちょっと待ってくれよと思って。「こんな茶番やりたくないよ、女将さん。『間違えた』でいいじゃん」って言って。おばあちゃんだよ? おばあちゃんが、俺がジャケット着たら「……あれ、佐久間さん?」つって、ジャケット脱いだら「佐久間さ~ん!」って(笑)、「お母さん、別にこっちも怒ってないから、認めてくださいよ」っつったら、女将さんが、「いや、これは本当に失礼なことしたから」つって。先輩たちも、「いや、佐久間がジャケット着てきたのが悪いんです」って言って、あと、これ言いたくないけど、「**最初の常連ヅラした『来ちゃった感』の挨拶、俺たちも気になりました**」って。アハハハハ。

うしろから刺されて、最終的に俺が「常連ヅラしてすいませんでした」って謝って、帰ったっていう話なんですけど。フフフ、いやマジでな〜、年2で常連にはなれないからな。それはホント、俺が悪いんだけど。

（※1）本田宗一郎は、日本を代表するカリスマ実業家、技術者で、本田技研工業（ホンダ）の創業者。

（※2）この日の番組内で、番組イベント終わりに、三四郎の相田周二とともにはんにゃ.の金田哲の車で帰った件について、相田がラジオで「佐久間はイヤイヤ乗ったと言っているが、実際はノリノリだった。1軍に誘われて喜ぶ3軍だった」と言っていたと、リスナーから報告があった。

（※3）バイプレーヤーとして活躍する俳優。佐久間にビジュアルが似ているが、オールバックのようなピッチリとした髪型をしていることが多い。

この日のプレイリスト RADWIMPS「君と羊と青」

この日のおすすめエンタメ 映画『すずめの戸締まり』

相談パスタ

2022年11月30日放送

オイルで！

よくメシ食ったりする相手の川上さんと打ち合わせしてて、それが終わってふたりでよく行くビストロに行ったのね。

その店は、「相談パスタ」っていって、シェフが「何食べたいですか？　どんな気分ですか？あと、食材これありますけど」って言ってくれて、相談してパスタをつくってくれるんだよ。それが毎回うまいんだけど、4～5年も相談してると決まってくるじゃん。俺たちはいつもその日ある魚介とかをオイル系のパスタにしてもらってるの。

その日も、「すいません、メシ食ってないんで、相談パスタお願いします。あと、なんかお酒1杯ずつぐらい」とかって言ったら、シェフが「そういやね、たまにリスナーさん来てくれるんすよ」って言ってきて。こないだ来たリスナーのリクエストで、ふたりで話し合ってつくった相談パスタが、めちゃくちゃうまかったんで食べてほしいと。そのときに、なぜか俺、「いや、俺、4～5年来てるんで、俺は俺の相談パスタ食べたいっす」つって。ハハハハハ！

ごめんね、みんな。関係ないリスナーに、2日連続でカッコ悪いところを見せた（※1）っていうのがね、あったのよ。それで、「リスナーのマネはできない」と思ったの。「いや、俺は俺の相談でやりますわ」って。アハハハハ。

そしたら、「じゃあ、いつも食べてるオイルのやつですか？　今日は牡蠣があるかもな」「いいっすね」って言って。俺の相談が一番うまいから。でもシェフがね、そんなこと普段言わないんだけど、「いやでもね、こないだリスナーさんと話したやつが、白ワインに合うパスタってリクエストで、うまかったんですよねぇ～」って言って、引き下がらないの。

ちょっと待ってよと。「それはリスナーの相談でしょ、俺と相談しましょうよ」つって。ハハハハハ。「いやね、佐久間さん、いつも食べてんのはわかりますけど、ちょっと説明だけしてもいいですか？」って言われて。「リスナーさんとつくったのが、白ワインに合う鶏肉とキノコのパスタで、具材は鶏肉とキノコで、そこにブイヨン入れて、最終的にチーズで仕上げたやつなんですよ。チーズの風合いとブイヨンの香りと鶏とキノコが合って、チーズ系のパスタなんですけど、これね、めちゃくちゃ白ワインに合うんすよ」つって。わかります、なんとなくシェフが言うのはわかりますと。「でも俺は、オイルで！」って言ったら、フハハハハ、川上さんが、「佐久間さん、俺、食べたいっす！」って言うの。

裏切ったの。俺たち、ずっとオイルのパスタを4～5年食ってきてんのに。「恥かかせんなよ」って、川上さんに。ハハハハハ。そしたら、川上さんが譲歩してくれて、「いつも2人前だから、大盛をドンと頼むけど、1人前で良くないすか？　そのあと、たりなかったら、オイルのやついきましょうよ」って。うーん、はいはいはいはい、うんうん。じゃあいったんね、その鶏とキノコのチーズパスタ、食べればいいのね。どうせオイルいくけどね、っていう。

ここまで振った時点で気づいてると思うけど、そのパスタはめちゃくちゃうまかった。ハッハハハハ！　これだけは言っておく。そのパスタは信じられないぐらいうまかった。あと、俺の好みだった。シェフが勧めるのもわかる。もう結果は先に言っておく。

白ワイン飲みながら待ってたら、シェフがつくってる様がノってんだよな、俺たちの相談パスタつくってるときより。それがまず気に食わないわけ。俺じゃない男に抱かれてる感じ、「鼻歌、歌ってんじゃねえの？」って感じでつくってんの。で、ブイヨンぶち込んだあたりから、プワーッていい香りがするんだよ。もうその時点でわかってた、めちゃくちゃうまいだろうなって。川上さんはギャルみたいなリアクションする人だから、「うーわ、うまそうじゃないっすかぁ！　白ワインおかわりしちゃおうかな～」って。「これ、今からでも大盛りできますか？」っていう感じを出してんの。でも、「川上さん、ダメですよ、パスタをもう茹でちゃってるから」って俺が言って。フフフ。うん、裏切りだから。「俺、オイル頼みますからね」って言って。

そしたら、ちゃちゃっとまとめて、最後のほうにチーズぶち込んでるあたりから、またブワーッっていい香りがして、持ってきました。うん、結論言いましたけど、めちゃくちゃうまいんですよ。川上さんが食べました。「何これ!? うまいんですけど～！」って言いました。そのあと、俺が食べる番です。食べました。めちゃくちゃうまいです。「あ～、まあまあ、そうっすね。うん、けっこういいっすね」「そうっすか？ これ、めちゃくちゃうまくないすか？」「まあまあまあ、いや、まあそうっすね……これはアリっすね」。ハハハハハ！ もう意地になってっから。

そしたら、川上さんが「じゃあ、オイルいきます？ 俺、これいっちゃいますよ。佐久間さん、オイルいっちゃってください」って言ってきて、「それは違くないっすか？」って、俺。アハハハハ。「いやでも、オイルいっちゃってくださいよ、佐久間さん。俺、これ食べるんで。なんだったらこれ、バゲットください。バゲットにソースつけて食べるんで」って川上さんが言って。それ絶対めちゃくちゃうまいなって。こんな１口、２口でめちゃくちゃうまいんだから、バゲットつけたらめちゃくちゃうまいなと思って。

シェフが「じゃあ、佐久間さん、つくりますか？」っつったら、「いや、オイルはなし！　全部これを食べる」って。フハハハハ！　うん、恥の上塗りしたの。ずーっと、3日間連続して。もうなんだったら、シェフも川上さんも、食ったときのリアクションで俺が犯人ってもうわかってるから。『古畑任三郎』（※2）のつまんないのをずっと見せられたわけ。
だから俺、今後は相談パスタ、チーズとキノコとブイヨンのやつしか食べません。あと俺、もうカッコつけんのやめたいです。それと今後、そのパスタを注文するときは、「佐久間スペシャル」って言ってください。アッハハハハ！

（※1）　このトークの前に、佐久間は、バイクに乗ったイカつい二人組ビビっていたらリスナーだったエピソードと、その翌日、雨が降ってきて女性リスナーに傘を差し出されたが、タクシーに乗るフリをして断ったあとで電車に乗ったエピソードを話していた。
（※2）　三谷幸喜脚本で、田村正和演じる警部補・古畑任三郎が、毎回犯人を追い詰めていくドラマシリーズ。フジテレビ系で放送されていた。

この日のプレイリスト　吉澤嘉代子「月曜日戦争」
この日のおすすめエンタメ　映画『ＲＲＲ』

スペシャルトーク
佐久間宣行×アルコ&ピース（平子祐希・酒井健太）

俺たちが、佐久間さんのラジオの原点・ビッグバンであることを語り続けてほしい

アルコ＆ピース（あるこあんどぴーす）
平子祐希（1978年12月4日、福島県生まれ）と酒井健太（1983年10月29日、神奈川県生まれ）によるお笑いコンビ。2006年結成。2012年、『THE MANZAI』（フジテレビ）にて注目を集め、2013年の『キングオブコント』（TBS）でも決勝に進出。また、ラジオパーソナリティとしても人気が高く、『アルコ&ピースのオールナイトニッポン』（ニッポン放送）などを担当。現在も『アルコ&ピース D.C.GARAGE』（TBSラジオ）、『沈黙の金曜日』（FM-FUJI）を担当しているほか、それぞれ個人でもパーソナリティとして活躍している。

かつては『アルコ＆ピースのオールナイトニッポン』を担当し、現在は『アルコ＆ピースD.C.GARAGE』などでパーソナリティを務めているアルコ＆ピース。彼らの番組に佐久間が乱入したことは、佐久間がラジオの世界に踏み入れたきっかけのひとつとされている。そんな縁があり、現在ではプロデューサーと芸人という関係性を超えて、テレビ番組やウェブ配信番組などで共演することもある3人が、ラジオパーソナリティとして語り合った。

アルピーは、佐久間にとってのゴールド・ロジャー

――佐久間さんの『アルコ＆ピースのオールナイトニッポン』への乱入（※1）も、もう10年近く前のことなんですね。

酒井　佐久間さんって、いくつくらいですか？

佐久間　俺、もうすぐ48歳（2023年11月15日収録）だから、あのときは38か。

平子　今の酒井より若かったんだ。

酒井　マジかよ。

佐久間　当時は、金曜の夜中に編集所で編集してることが多かったから、アルピーのオールナイトも聴けてたんだよね。そしたら、乱入の前から、リスナーに大喜利を振られたり、「コネ入社」

だとか、「枕営業してる」だとか言われて。アルピーも、リスナーを止めてるようで止めてない。得意の「止めてるテイ」で。

酒井 でも、本当に来てくれると思わなかったですね。

佐久間 真夜中に、加藤千恵（※2）経由で当時のディレクターの石井（玄）くんから連絡があって。「え、行ったほうがいい？　え、ホント？」みたいな感じのまま行ったっていう。

平子 佐久間さんが、そういうラジオ文化を知ってたからよかった。そうじゃなかったら、「（夜中に呼び出すなんて）頭おかしいのか？」で終わってたでしょうからね。

佐久間 俺はラジオ大好きだから別によかったんだけど、テレ東とか太田プロの偉い人が、「なんかアルピーとケンカしてるってホント？」って（笑）。

平子 事情を知らない上の人たちがね（笑）。

佐久間 劇団ひとりのマネージャーとかからも電話がかかってきて、「佐久間さん、アルピーとケンカして番組に乗り込んだって聞きましたけど、そんなことあります？」って。いやいや、そんなわけないいじゃん、っていう。そっちのほうが大変だった、わかってない人が。

平子 あとで字面だけで見たり、人づてに聞いたりだと、「揉めて乗り込んだんだ……」ってなるんでしょうね。

佐久間　そうそう、太田さんと水道橋博士（※3）みたいな（笑）。

酒井　でも、今の佐久間さんのリスナーってわかってるんですか？　この原点、ビッグバンを。

佐久間　わかってない世代も出てきたでしょうね。でも言ってるよ、なんかある度に「実はアルピーのおかげで～」って（笑）。

平子　もうラジオのオープニングで毎回流してくださいよ。『ワンピース』でもあるじゃないですか、ゴールド・ロジャーが斬首されるところが流れるとか。

佐久間　アニメみたいに毎回、「この番組はアルコ＆ピースの～」って？

平子　俺らをあの存在にしてくださいよ。

佐久間　アルピーは、俺にとってのゴールド・ロジャーなんだ（笑）。でも、本当に取材の度にけっこう言ってるよ。もちろん感謝もあるけど、「言わねえとアルピーは絶対怒るだろうな」と思って。特に酒井は、ことあるごとに「忘れるな」ってすげえ言うから。

――今では、『佐久間宣行のオールナイトニッポン０（ＺＥＲＯ）』も5年目に突入しています。ラジオスターになっていく佐久間さんを、おふたりはどう見ていたのでしょうか。

平子　まあ、こっちはたまごのころから知ってるんで（笑）。でも芸人も、ラジオやる若手は増えていくでしょうし、新しいプラットフォームでやる若手も増えてきてますけど、佐久間さんみたいなつくり手の視点でしゃべれる人って、まあいないですよね。独自性の塊っていうか。みんな興味はあってもうかがい知れなかった、（テレビ業界の）モヤがすーっと晴れていくような心地よさがある。こっちは身につまされるところもありますけど。

――つくり手側から見たタレントが語られるわけですからね。

平子　こっちがよしとしてたことが実は逆だったり、またその逆もあったり。演者側にすると、解答用紙を見せられてるみたいなところもあって。でも、視聴者側は番組を多面的に観ていける楽しさがあるから、佐久間さんのラジオをきっかけに、テレビを裏の面から観てみようっていう人もいるでしょうね。局とかも関係なく、こんなにきれいにテレビとラジオのメディアミックスが成し遂げられてることって、あんまりないと思いますよ。

佐久間　たしかに、ラジオを始めてから、俺の番組のＴＶｅｒの再生数が１・２倍ぐらい上がったんですよ。だから、テレ東も「続けていい」って言ったのかも。

酒井　あと、営業とかで地方に行って、ファンと触れ合うことがあるんですけど、僕らのほうから「ラジオ、何聴いてるの？」って聞くと、最近は圧倒的に佐久間さんが多い。

佐久間　それはたぶん、俺がアルピーとすげえ仕事してるっていうのもある。平子とは『サクマ＆ピース』（※４）を４シーズンもやってて、酒井とは隅田川花火大会の裏生配信っていう、

ラジオの匂いがすることやってるし。

平子　『サクマ&ピース』は、いわきと関係ない人からも「観てます」って言われることあるんですよね。特にラジオリスナーは、俺がムカついて、自分の番組で佐久間さんに言い返したりする（※5）のが、楽しくてしょうがないらしい。俺はただ、こっち側の主張をしてるだけなんですけど。

佐久間　『サクマ&ピース』はディレクターがね、もともとアルピーのラジオのヘビーリスナーなんですよ。だって、最初のロケのとき、平子がそのディレクターのケータイにサイン書いてたもん。

平子　「わあ、イテぇなこいつ」と思いながら（笑）。

佐久間　でも、ラジオの文脈も知ってるから、多少身内をイジったりもするし、番組に隙があったほうがおもしろいってわかってるんだと思う。段取りが悪いのと、カメラマンと音声がジジイで、すげえケンカするのはマジだけど。

ラジオを続けてきて変わったこと、変わらないこと

——逆に佐久間さんは、番組を変えながらもラジオで活躍されているアルコ&ピースのおふた

りをどう見ていますか。

佐久間　やっぱ、『D.C.GARAGE』になって、ふたりのトークがどんどん変わってきて人間味みたいなものが出てるから、それはすごい参考になりますね。あと、オールナイトニッポンで2時間ラジオコントみたいなのやってたのは、今考えても信じらんねえなと思うんですよ。俺は20～30分のフリートークを原稿に書き起こすのに、3～4時間はかかるんですよ。ラジオコント2時間って、あんなの何日前から準備してたのかなって。

平子　どうなんですかねえ。俺らはコントに乗っかるだけというか、福田（※6）が汗かいて、俺らが乗っかれるようにコントを書いてくれてたんで。そこにリスナーが入ってきて、流動的に動いていくっていう。だから、俺らも乗客側っていうか、振り回されないようにぐるんぐるんしてる感じで。

酒井　たしかに、やってるときはこれが普通だと思ってたんですけど、振り返ってみると勢いもすごかったし、今はできないなと思いますね。

佐久間　そうか、「今はもうできない」って福田も言ってたから、あれは奇跡の番組だったのかな。

平子　作家も書けないし、演者もできないし。若くてあの状況だったから、福田も俺らもできたことなんだろうなと思いますけどね。それも深夜の3時～5時にやるなんて、今じゃ考えられないです。

――最近は、また異なるスタイルですもんね。

佐久間　それで言うと、最近の後悔は、平子のフリートークを１コ潰しちゃったことですね。

平子　酒井は自分の親父が死んだとき、満を持してその話をラジオに持ってきたんですよ。だから、俺も親父が死んだとき、「よし、俺にも１コ武器ができたぞ。この武器を酒井にぶつけるときがついに来たか」と思って。それで、マネージャー以外には情報をシャットアウトして、頭の中でいろんなものを構築して、考えに考えてたら、佐久間さんのお母さんがＫＧＢみたいな働きをして、情報が漏洩されたっていう。

佐久間　花火の裏生配信の直前にお袋から、平子のお父さんが亡くなったって聞いて、その直後に酒井とマネージャーさんと鉢合わせちゃったから、思わず「平子のお父さん、亡くなったの？」って言っちゃった。

酒井　教室みたいな楽屋で、お相撲さんもいっぱいいたから、「佐久間さん、立合い変化つけてきた！」って（笑）。

平子　俺が満を持してラジオ局入りしようと思ったら、もう酒井は知ってる。「俺のサプライズプレゼント、どうなるんだ！」っていう。

佐久間　それは本当に申し訳なかったです。俺が情報番組のディレクターとかだったら、そのうっかりもわかる。でも、こんなに芸人と仕事してるディレクターが、フリートーク潰すようなこと絶対にやっちゃいけないから（笑）。

平子　でも、リスナーは楽しいでしょうね。俺が単純に一方通行で話すよりも、3面体になってラジオに立体感が出たほうが。

佐久間　立体感はすごい出てるんだけど、望んでる立体感じゃなかった（笑）。

――佐久間さんとアルピーさんの番組の共通点といえば、スタッフさんですよね。特に作家の福田さんは、それぞれの番組にずっと関わり続けています。

佐久間　福田が最初に「とにかく佐久間さんにしか話せないことを話したほうがいいですよ」って言ってくれて、気がラクになったことがあって。だから、福田がたくさんの番組を抱えてても、それぞれのラジオが同じようにならずにおもしろいのかな、っていうのはすごく感じる。

平子　僕らは有吉さんの『サンドリ』（※7）で福田と出会って、オールナイトに若手を何組か入れようというときに、福田が「アルピーさんとやりたいです」って手を挙げてくれたんです。それもあってか、台本にも僕らが言いそうにない言葉は絶対に書いてこない。「俺、この話したっけ？」と思うくらい、僕らの耳となり、口となってくれてる感じはしますね。

――そのあたりは、『D.C.GARAGE』になっても変わらないですか。

平子　そうですね。お互いに年齢を重ねて、環境も変わってきてますけど。ただ、今やってるラジオに関しては、収録っていうのも大きいと思うんですよね。たまに生放送をやると、一気にオールナイトニッポンの感じに戻るというか。それぞれのよさがありつつ、「本当は生がいいんだろうな」って、そのとき改めて感じますね。

佐久間　たまに収録でやると、驚くほど体調がラクでびっくりする（笑）。

平子　慣れてリラックスしてるつもりでも、生放送って普段使わない筋肉を2時間使うんで、終わったあとの疲労感が違うでしょうからね。あとは時間帯の問題もあるけど。

酒井　佐久間さん、朝とか興味ないですか？　それか昼のワイド（番組）とか。やっても全然おかしくないっすよね。

佐久間　来年で娘の弁当づくりが終わるんですよ。大学生になるから。別に毎日つくってるわけじゃないんですけど。そしたら朝ワイド……何を言ってるの？　絶対やらない（笑）。

平子　『佐久間宣行の朝の手弁当』ね。

酒井　朝、爽やかな感じいけそう。いけますよ。

「俺、パーマかけてみたいんだよね」

――生放送と収録の違いとして、リスナーの関わり方も大きいですよね。みなさんにリスナーについても伺いたいです。

佐久間　僕の年齢と、3時〜5時っていう時間帯もあると思うんですけど、60代とか70代の人からもメールが来るんですよ。ほかの曜日には送りにくいんでしょうけど、僕には送れるらしくて。一方で10代からもメールが来るんで、特殊なラジオだなと思いますね。

酒井　リスナーで、佐久間さんに憧れてテレ東入った人とかって、もう全然いますか？

佐久間　テレ東にはいない。でも、ついに番組の作家に、ラジオネーム知ってるリスナーが入ってきた。

酒井　そうですか。僕らの場合、オールナイト聴いてた世代が、テレビ局の制作にいたりすることがけっこうあるんで。

平子　もうディレクターとかになってて、めっちゃ呼んでくれるんですよ。この前なんか、ついに「ホリプロタレントスカウトキャラバン」のＭＣをやらせてもらいましたから。それもリスナーだった人がホリプロで偉くなって、呼んでくれたんです。

佐久間　不思議だよねえ。

平子　「（事務所が違うため）社内での反対なかったの？」って聞いたら、「ぶっちゃけありますけど、大丈夫です」って。かといって、現場でそんなにしゃべりかけてくるわけでもないんですよ。ニコニコ遠くから見てるだけで。やっぱりラジオリスナーだから。

佐久間　（佐久間にCM出演を依頼した）ＫＩＮＣＨＯさんにも、異常なラジオリスナーがいた。

平子　佐久間さん、いよいよ風呂入り始めました（※8）もんね（笑）。

――佐久間さんが、ラジオだけでなくテレビ番組やＣＭに出演するようになったのも、大きな変化かもしれません。

平子　驚いたのは、ウエストランドがＭ-１で佐久間さんの名前を出して（※9）、ポカンとされなかったことですね。個人名って、賞レースでは避けたい要素だから、よっぽど強いワードがあって初めて出すくらいで。それが、「佐久間さ～ん！」ってただ叫ぶだけでも認知されるっていうのは、ものすごいことですよ。ラインで言うと、聖徳太子とかと一緒。じゃないと漫才師は個人名入れないですよ。

佐久間　あれはびっくりしたなあ。

酒井　佐久間さん、めっちゃくちゃ売れてますよね。ただ、僕はまだ昔の佐久間さんの残像が残ってますけどね。フロアにあぐらかいて座って、カンペ出してる感じ。今もやってますけど。だから、すごい不思議な感覚ですよ。

平子　でも、10何年ずっとチノパンに黒シャツっていう。ゴールデン番組とかCMに出てたら、クロムハーツだらけになる人もいると思うんですよ。それでもスタイルを崩さないのは、やっぱりラジオっ子であり、テレビバラエティっ子だっていう根っこが、もう一生変わらないんだろうなって。

佐久間　いや、変わらないよ。ある程度世に出てるクリエイター、インタビュー受けたり作品を語ったりするクリエイターの歴史上、一番ダサいって言われてる（笑）。

平子　だから、本当はフレームが丸と四角の変則的なメガネとか、かけ始めていいんですよ。

佐久間　本当はかけなきゃいけないの、先のためにも。誰かが強制的にやってくれないと、もう無理ですね。

酒井　（急に変わったら）バカにされますよ。めちゃくちゃ笑いますよ。

佐久間　薄い色のサングラスかけ始めて（笑）。

平子　俺、『ラヴィット！』（※10）で1回提案してみようかな、「佐久間宣行のファッション改善」。

佐久間　やめてくれよ！　実現しちゃう（笑）。

平子　だから、言ってほしいですね。本当はワンポイントでクロムハーツとかナバホ族のリングとかつけたいなら、言ってくれればいいし。でも、「俺は佐久間だから」っていう自分の枠で苦しんでんじゃないのかなって。

酒井　どうなんすか？

佐久間　いや、服はあれかもしんないけど、『サクマ&ピース』とかで仕事するときに、平子を見てて「パーマをかけてみたいな……」って（笑）。

酒井　めっちゃいい！（笑）

佐久間　平子のパーマがカッコいいなって。俺がしれっとパーマかけたらおもしろいかな。

平子　ちゃんと事前に謝ってほしいです、「明日、実はパーマをかけさせていただくんだけど」って。佐久間さんの今後には期待してるんです。ちょっと車高の低い車に乗るとか、派手なお金の使い方も見てみたいなっていう。

酒井　憧れの存在ですからね、やっぱり佐久間さんは。

佐久間　いや、ちょっと検討しますけど。

――佐久間さんからアルピーさんに期待されていることはありますか？

佐久間　アルピーはもうずっとおもしろかったんだけど、最近はあれに近い感覚かな。昔、バナナマンさんが、めちゃくちゃおもしろいんだけど一般家庭にはウケないよ、みたいな感じのことを言われてて、本人も言ってた感じ。アルピーも、ラジオのノリみたいなのはおもしろいんだけど、テレビのゴールデンに行くタイプじゃないなと思ってたら、いつの間にかその中間ぐらいに（バランスが）合ってきた。だから、これから自分たちのおもしろさを崩さないまま、世の中にどんどん出ていく姿を見るのが楽しみですね。

平子　太文字で書いてください、「アルピーは令和のバナナマン」って。あと、「目に涙を溜めてそう語った」と。

佐久間　「あいつらのそんな姿が見たい」（笑）。

平子　「そして、そうなるだろう」（笑）。

（※1）『アルコ＆ピースのオールナイトニッポン0（ZERO）』時代の2013年ごろから、番組をリアルタイムで聴いている佐久間のツイートを見つけたリスナーが佐久間をイジりだし、2014年10月17日には、『アルコ＆ピースのオールナイトニッポン』に佐久間が乱入。ラジオ好きの佐久間が「佐久間宣行のオールナイトニッポンR！」というタイトルコールの夢を叶えるなどしていたところ、2015年8月29日、『佐久間宣行のオールナイトニッポンR』が実現した。

（※2）歌人・小説家。『朝井リョウと加藤千恵のオールナイトニッポン0（ZERO）』を担当しており、佐久間とも交友があったことから、宗岡チーフD経由で、石井Dが佐久間の連絡先を聞いた。

（※3）1990年、『ビートたけしのオールナイトニッポン』で代打パーソナリティを務めた爆笑問題・太田光は、冒頭のツカミで「たけしさんが死んでしまいまして……」などと発言したことから、エンディングにたけし軍団（当時）の浅草キッド・水道橋博士が乱入。この件はのちに「伝説の殴り込み事件」などと言われ、ふたりの確執が噂されたりするようになった。

（※4）福島中央テレビ制作による特番で、佐久間と平子が、ふたりの故郷である福島県いわき市をプロデュースする街ぶらバラエティ。

（※5）佐久間がラジオで「（漫画の）『BLEACH』に平子が出てきたら、かませ犬っぽい」などと話していたところ、『サクマ&ピース』のロケ中にBLEACHっぽい衣装を発見。実際に平子にコスプレしてもらい、写真を撮ったと嬉々としてラジオで報告していた。それに対し、平子からも自身の番組で、平子視点によるそのときの佐久間の様子を語るなどのリアクションがあった。

（※6）『佐久間宣行のオールナイトニッポン0（ＺＥＲＯ）』を担当する放送作家の福田卓也。『アルコ&ピースのオールナイトニッポン』や『アルコ&ピース D.C.GARAGE』など、アルコ&ピースの番組も担当している。

（※7）ＪＦＮ系列で放送されている『有吉弘行のSUNDAY NIGHT DREAMER』。毎回、太田プロの芸人がアシスタントを務め、アルコ&ピースも度々出演している。福田は番組のサブ作家を担当。

（※8）佐久間が出演するＫＩＮＣＨＯ「お風呂の防カビムエンダー」のＣＭでは、佐久間がカビ予防をしたお風呂でゆったりと湯船に浸かる様子を見ることができる。

（※9）２０２２年の『M-1グランプリ』（朝日放送テレビ・テレビ朝日）で優勝したウエストランドは、決勝ネタで「あぁ～！　佐久間さ～ん！」と叫んで話題となった。

（※10）ＴＢＳ系列で月～金に生放送されている朝の情報バラエティ番組。

厳選フリートーク お仕事編

タレントっぽい出方で番組に呼ばれるようなことも増えたんですけど、最近はあまり悩んだりしなくなってきましたね。むしろ、この歳で新しいことをやらせてもらって勉強できるなんてラッキーだな、と楽しめるようになったというか。あと、テレビタレントとして重要な「反省しない」っていうスタンスを覚えたのも大きいかもしれないです。(佐久間)

母校で講演会

2022年6月1日放送

先週、母校（福島県立磐城高等学校）の講演会に行ってきたの、高校のね。実は演劇部の先生からオファーをもらったのが2年前ぐらいで、テレ東を辞める前にもらってたんだよ。でも、去年はフリーになったばっかりでバタバタしてて、今年やっと5月に行けることになって。それが決まったのが今年の1月で、そのときは半年後だな〜って、正直余裕ぶっこいてたの。

なんでかっていうと、講演会はけっこう頼まれてやってたのよ。5年ぐらい前から制作会社とかテレビ局で、サラリーマンの話とかクリエイティブについて話してて、それから『（佐久間宣行の）ずるい仕事術』って本を出したぐらいだから、正解かはわからないけど自分で学んだことはある程度話せてさ。それでクリエイティブとか仕事術に関してのパワポのデータも4パターンぐらいあったわけ。多いときはオンラインで何千人の前でやってるから、まぁ大丈夫だろうと。何より今年の頭は『トークサバイバー！』とか『黄金の定食』（※1）とかいろいろつくってたから、講演会の準備はなかなかできなくて。

5月に入ってある程度落ち着いて、過去の講演会の資料を見て気づいたの。「あれ？　今持ってるやつ、全部高校生の役に立たねぇな」と。戦う場所が決まってるというか、やんなきゃいけないことがわかってる人向けの講演会しかやったことなかったんだよね。会社の人とか広告のクリエイティブをやりたいっていう人向け。このままだと、遠い未来の話してるおじさんになっちゃうなと。

あと、そもそも俺が高校生のころって、**OBが来て講演会やるのって、超ウゼェと思って寝てたなっていう。**アハハハ。しかも講演会って、だいたいメシ食ったあとの午後にやるじゃん。だから速攻寝てたんだよ。「うわー、俺、寝てたじゃん……」と思ったら、パソコンに向かっても指が動かなくなって。

結局、24日に講演会だったんだけど、22日とか23日の夜、今日書かないともうダメだっていうときに1枚も書けてない状態で。じゃあ、高校生のころの自分を思い出そうと卒業文集とか読んでたときにハッと気づいたの。やっぱり何ひとつ夢は持ってなかった。やりたいことも何があるかわからなかった。ぼんやり東京に行きたいぐらいしか思ってないし、講演会はウザくて寝てるタイプだった。今の高校生のことを思い浮かべようとしてもわかんないわけじゃん。これは、高校のころの俺が、講演会にいると思って書こうと。「30年前の俺を寝かさないっていう」。フハハハハ。夢もない、やりたいこともわかってない、地方にいるから自信もない、東京になんとなく行ってみたいけどやれる自信がないヤツに、「自分のやり方で夢を叶えることができるよ」って。少なくとも、そいつの人生を変えるような話をしようって、やっとテーマが決まったのよ。

テーマが決まったら、怖くなくなって書き始められたの。書いてる最中に今度はフェイスブックのメッセージが来て。このラジオでも何回か話した、大学1年のときに寮で相部屋だったYくんと、隣の部屋だったSくんから「佐久間くん、講演会やるんだよね？　うちの息子が行きます」と（笑）。ひとりエッチのときに黄色いハンカチを渡したYくんの息子も講演会に来ると。なんだったら講演会のあと、会いましょうみたいな。20年ぶりだよ。これはもう昔の自分とYの息子を寝かせてたまるかと思って、結局、日曜の朝7時ぐらいまでかかってパワポ62枚分ぐらいつくって。だから日、月の仕事ボロボロね、ハハハハハ。もう眠くてしょうがないの。会議したみなさん、冴えなくてすみませんっていう。

当日、東京駅10時の特急で、いわき駅に12時ぐらいに着いたの。「いわきかぁ、懐かしい」と一瞬思ったけど、2か月前に『サクマ&ピース』のロケで平子（祐希）と来てんだよ（笑）。ここの駅で懐かしがってもなんにもねぇなと、すぐにタクシー乗って高校に向かったのね。記憶だと28年ぶり。94年に卒業して、その夏に浪人してる友だちがいるから高校に遊びに行ったぶりだから。これはもう時効かな。**その浪人してる友だちとプールに忍び込んで泳いでた。**アハハ。28年前の磐城高校、それが最後の思い出だから。

そう思ってるときに、俺を呼んでくれた演劇部の先生が声をかけてくださって、校長室に連れて行ってくれて。そのときに「今日、体育館には3年生だけいます。1～2年生はオンラインで見ます」って言うのよ。「3年生は3年間ずっとコロナなんです」って言われて、ハッとして。俺はおっさんだから社会人の2～3年で考えてたけど、今の高校3年生は入学して1か月で休校になったんだって。そこからずっとマスクで黙食、かつ学校行事すべてに制限があって、やっと徐々に高校生活らしいことができるようになったと。「自分を律しなきゃいけないから聞き分けはあるんだけど、そのぶん自分を出せないというか、ちょっとあきらめムードもあって、それが悔しいんですよ」って校長先生が言ってて。ＯＢの講演会もずいぶんやってなくて、久しぶりに呼べたのが俺だって聞いて、心の中で**「責任、重～」**って。ハハハハハ。

「でもまぁやりましょう！」って体育館に入ったら、3年生が240人。俺のころは男子校だったんだけど、共学になって15年ぐらい経って女子のほうがちょっと多いぐらい。校長先生のあいさつが4～5分で短めだったよ、さすがだなぁと思って。さっと切り上げてくれて、俺が壇上に上げられて。240人ぐらいしかいないから、よく見えるのよ。

マイク持って「よし、昔の俺、見てろよ。お前に向けてやってやるからな。絶対寝かせねぇからな」ってパッと見たら、もうひとり寝てんの。はやっ！　フハハハハ。校長先生のあいさつが5分だったのに（笑）。でも、そいつのせいで笑っちゃったら緊張が解けて「よしお前、あとで友だちから『いい講演だった』って聞いて、後悔させてやる！　もう誰ひとり寝かさない」って（笑）。ありとあらゆる手を使って、芸能人の名前を出してでも寝かせないつもりで、朝までかけてつくった講演を始めたわけよ。

ざっくり言うと、「すぐやりたいことが見つかる人は少ない、磐城の人はみんなそうでしょ？」って。でも、楽しい人生とかやりたいことが見つかるのをあきらめる必要はないから、「俺はこうやってきたよ」ってことを話して、そのあと自分の能力とかよさを見つけていくためには、こういうことをやったらいいんじゃないかって、今できることを60分ギチギチで話して。

そのあとの質疑応答ではリモートでつないでる1～2年生からもけっこう質問が来て、ある程度盛り上がって。**でも、そのド頭に寝てたヤツ、一向に起きないね。**ハハハハハ。めちゃくちゃに盛り上がってるのに。でもまぁいいだろう、俺はとりあえずちゃんとやったなと思ってたんだけど、後半の20分ぐらいかな、**目の前の女子がひとり寝て（笑）。**でもすごくない？　高校生240人でふたりしか寝てないんだよ、これは快挙と言っていいでしょう。普通は半分寝るからね。これはゼロと言っていいでしょう。ハハハハハ。

寝たの0人の講演会が終わったら、俺を呼んだ演劇部の先生が**「佐久間さん……刺さりました」**って。「いやオメェ、50だろ」と思って。夢が見つからない若者相手の講演なのにありがたいんだけどさ。

タクシーが来るまで20分ぐらいあって、生徒が10人ぐらい来てくれて。リスナーもいたんだけど。そのあと3年生の女子が「今日の講演を聞いて決めました。エンタメの仕事をやりたいとずっと思ってたんです。10年後にお仕事できたらうれしいです」って言ってくれて。そういうことを放送部の人も言ってくれて。「うわ、目標達成した」と思って。これで充分よ。

もうひとつ、俺にはメインイベントがあるわけ。寮でいっしょだったYくんとSくんと待ち合わせしてた駅に向かったの。仕事休んで迎えに来てくれて、ちょっと喫茶店でしゃべって。

20年ぶりでも一瞬で戻るね。おっさんだけど、寮のころのバカ話で盛り上がって。そしたらSくんが言ってたんだけど、「Yくんと佐久間くん、後半倦怠期になって、1年の最後のほう、ふたりとも同じラジカセで爆音で音楽聴いてしゃべらない時期あったよね」って。俺は全然覚えてないんだけど、倦怠夫婦みたいな時期あったよね、っていうので盛り上がったんだよ。

あと、「18のころ、仲のいいメンバーで共通のノートをつくって、好きな子の名前を書いてたの覚えてる？」って言われて、「俺、全然覚えてないんだけど。俺たち、そんなダサいことやってたの？」って。福島から出てきてすぐ、「彼女つくるぞ」って、好きな女の子の名前をノートに書いてた。アハハハハ。で、Yくんが「俺、覚えてるよ。佐久間くんは○○ちゃんって書いて、Sくんは□□ちゃんって書いてた。誰ひとり叶ってないけど」って（笑）。Sくんと同じ部屋だったヤツがそのノートをずっと持ってるらしくて、「頼むから燃やしてくれ！」ってお願いしたの。

あと、寮で水虫とインキンがとんでもなく流行った大事件って話したっけ？ 俺も罹(かか)って、それが寮を出ようと思ったきっかけなんだけど。ハッハッハ。Sくんがずっと疑問に思ってたことがあるって言い出して。「俺だけの仮説なんだけど、Yくんがパンデミックの最初なんじゃないかって思ってるんだけど。今日確かめたいんだ」って。え、今？ 20年ぶりに会って、いわきの駅前で20年前のインキンを広めたのがYくんだって言うの？　たしかに俺も思い出したけど、最初にYくんがかゆいって言ってたような気がする、てか、扇風機を股間に当ててた気がする、夏（笑）。

どうでもいい話なんだけど犯人探しだから、「そうなんじゃない？」「違う！」ってSとYが話し合ってて。「佐久間くん、これラジオで話していいから」ってSくんが言うから、『ラジオで話していいから』っていうのは、ちょっと違うんだけどな～」って言ったら、Yくんがけっこう強めな声で「当時は絶対違うけど！　20年前は違ったってなんだよ！」って言ってたら、「佐久間くん、って（笑）。「今インキンだから、これお土産」って日本酒渡されて。それ持って帰りながら、帰りの特急で「さっきの話、なんだったんだろうな……」とずっと思ってて（笑）。まぁでも、20年ぶりの再会、うれしかったですね。

佐久間くん、俺ね、今インキンなんだよね

（※1）　佐久間がプロデューサーを務めていたテレビ東京のバラエティ番組。なにわ男子の大橋和也とシソンヌの長谷川忍が出演。

この日のプレイリスト
サンボマスター「光のロック」

この日のおすすめエンタメ
映画『トップガン マーヴェリック』

ニセ佐久間

2022年7月27日放送

こないだ、あるYouTubeの企画を撮りまして。前から俺とカカロニの栗谷の顔が似てるって言われてたんだけど、先日、『ストレンジャー・シングス』（※1）のイベントで、俺がNetflixさんの指定で80年代風の髪型にしたのよ。スティーブっていうキャラクターの髪型で、オールバックで髪をひと束だけ前に垂らすっていうやつをやったら、完全に栗谷の髪型だったわけ。結果、ネットで拡散されて「栗谷に似てる」ってなったのよ。SNSでがっちりイジられて。

そしたら、その翌週の会議で「なりきり佐久間宣行選手権」って企画が出てきたのね。めちゃくちゃイジられてるのよ。インタビュー中に、佐久間が退席して栗谷に入れ替わって、指摘されたらアウトっていうドッキリだったんだけど、俺以外の人はみんな「おもしろいっすね！」って盛り上がってて。俺は「そんなに？　まぁまぁ検討はするけど……」って思って。ンフフ。

俺が「いや、でもこれさ、すぐバレるじゃん。だって俺、栗谷と身長10センチも違うし、体型も違うから。即バレすると、騙された人が我慢して指摘しないだけになっちゃうから、おもしろくないいんじゃない？」って言ったの。本当にそう思ったし。そしたら、誰かが「これ、入れ替わらなくてよくないですか？『佐久間の代打オーディション』ってテイで栗谷がどこまでやれるかだったら、おもしろいじゃないですか」って言って。「あ〜、そっかそっか、そうするとドッキリとしてもバレにくいし、バレても栗谷のチャレンジとして見れるから成立するか〜。……クソッ、成立すんのか！」と思って。アハハハハ。

みんなが成立するって言って俺が認めないのは、俺がイジられたくないだけになっちゃうから、「じゃあ、栗谷のスケジュールが取れたらやりますか」って言ったら、その会議中に取れた。ウハハハハ。もうやるしかなくなって。

収録の日、カカロニが来たわけよ。入ってくるなり、栗谷が俺の顔見て半笑いで、俺も半笑いね。そりゃそうだよね、自分のイジり企画、自分のところでやってんだから。フフフフフ。ワケわかんないじゃん。

そしたら、ＡＤがまた半笑いで来て、「これに着替えてください」つって、服2着用意してて、俺と栗谷、まったく同じ服。茶色いパンツと黒のシャツ。「俺は出ていかないんだから、同じ服着なくていいじゃん」って言ったら、「いや、ネタバラシのときおもしろいじゃないですかぁ～」って。ハハハ。それ着て、ふたりで同じ格好で現れたら、技術も全員半笑い、もうイジりが始まってんの。

栗谷と収録の前に打ち合わせしたら、栗谷が緊張してて。相方のすがやに聴いたら、栗谷って、童貞って自分でも言ってるし、プライドが高くて、女の子とまともに話せないんだって。だから、「ターゲットのモデルさんと一対一で会話するドッキリじゃないですか。成立しないかもしれないです」って。「そっか、そもそも栗谷が女性苦手だから成立しない可能性もあるんだ」と思ってたら、今回のターゲットのモデルさんが来たのね。

新田ミオさんっていう方が来て、その人もおっさんプロデューサーにインタビューするから、ちょっと緊張してるわけ。どうやら俺のやってるYouTubeはそんなに観たことはなくて、『ゴッドタン』とか『あちこちオードリー』は観たことあるっぽいけど、俺、全部マスクしてるじゃん。「だから気づかないかもな」ぐらいの感じで、ガチでドッキリ企画がスタートしたの。

俺とすがやはウォッチングルームで見てて、栗谷が少し遅れて登場して「どうも佐久間です、よろしくお願いします」って、ちょっと固い状態、新田さんは「よろしくお願いします」って全然気づいてない。思ったね、「俺、もっとがんばんねーとな」っていうのと（笑）、「栗谷、お前もっとがんばれよ」って（笑）。

で、大丈夫かなと思ってたら、ウケ取らなきゃと思ったらしくて、栗谷が緊張気味にボケ入れてったの。「『トークサバイバー！』の千鳥さんのすごさってなんですか？」って最初にインタビューされたのよ。普通に俺だったらまともに答えるじゃん。それが栗谷、ニセ佐久間が「クセがすごい」って言ったの。「うわぁ～……」と思ったら、新田さんも半笑いで「そうですか……」みたいな。「これは違うな」と思って、「ディレクターさん、一回止めて、栗谷をこっちに連れてきてください」つって「集合！」と。アッハハハハ！

それで栗谷呼んで、「栗谷お前、今の違うよな？」「はい、ちょっとあの……緊張してヘンなボケ入れちゃいました」って。フフフ。成功しても失敗しても、ガチでやらないとおもしろくない。イジられてるのは俺だから言いたくないけど、「真面目に俺やって」って。ウハハハハ。意味わかんないでしょ？　栗谷が「わかりました、できます」って言って戻っていったの。

戻っていったら、今度、栗谷がちょっと覚悟を決めた目をしてて。座って「すいません、ちょっとお待たせして。じゃあインタビュー続けましょう」って言ったら、次に新田さんが「レギュラー開始から15年続くゴッドタン、番組を続ける秘訣を教えてください」って言うわけ。けっこう難しめの質問じゃん。それを栗谷が一拍待って、「劇団ひとりとおぎやはぎと出会ったときに、『これ運命の出会いだな、この城、長く築かなきゃな』と思ったんですよ。あるタイミングでゴールデンに上がるか地下に潜るかっていう選択を迫られたときに、正直、ゴールデンに上がるならマジ歌選手権を軸にゴールデンでやっていくのかなぁなんて考えたんですけど、それだとおもしろくないじゃないですか。もっといろんなことやりたいな、深夜っぽいことやりたいなって思ったときに、一回地下に潜って、数字じゃない何かで結果を出せば、テレビ局って続けさせてくれるというか。ＤＶＤだったり、マジ歌のイベントだったりで売上を上げて、視聴率とは別の貢献をしていくことで続けよう、そう思ったんですよね」。ひと息で。

「あれ？ 俺、これ言ったな。え、俺じゃん！」と思って。フッハッハ。でね、次の質問も「ゴッドタンの演出ってけっこう変わってるというか、芸人さんが自由にやってると思うんですけど、何が違うんですか？」。これもディレクターじゃないと答えられないと思うんだけど、「演者さんに自由にやってもらってるんだけど、いちおう保険と出口はつくってるんですよ。困ったら、この出口行ってくれていいですよ、って保険をつくったんですよ。そうするとね、その中で自由に暴れてもらえるんですよね。これが意外に好評で」って言って。「本

当じゃん！」って思って。ウハハハハ。「え、どうした栗谷？　完璧じゃん。あと俺、こんなふうにしゃべってる？」っていう。ハハハ。

　そのあとも、どんどん俺の言ってることを完コピというか、俺が過去のインタビューで言ったこととかを再構成して、質問にガンガン答えてて。ビックリしたのが、新田さんが「オードリーのすごさってなんですか？」って、これ答えづらいじゃん、後輩芸人だよ、栗谷。それが「最初は春日くんのキャラクターでバンと出してね、そこ注目されてそこで回せる、でもね、やっぱり若林くんなんですよ」って。これ、栗谷が言ってるんだよ？「やっぱ若林くんって、何任せてもいけるんですね。あちこちオードリーって実は最初、完全フリートーク番組じゃなくて、コーナーとか用意してたんですよ。でもね、若林くんがフリートークだけでいっちゃって、『俺、保険いりませんよ？』みたいな。すごいなと思って。俺ね、鬼才って言われてますけど、あの番組に限っては、つくったのはオードリーなんですよ」って、カンペもなくひと息で言って、新田さんが「鳥肌立っちゃいました」みたいな。

栗谷が佐久間のゾーンに入ってるのよ。ンハハハハ！　マジであいつ、**佐久間が止まって見えてんな**っていう。ウッハハハハ！　そしたら、すがやが「栗谷さん、そもそも佐久間さんのことが好きでラジオも聴いてるし、ゴッドタンも全部観てるから、多少インストールはされてるんです。でも、ここまでとは思いませんでした」って。

そしたら新田さんもどんどんノってくるじゃん。「佐久間さんが今考えている次の一手を教えてください」って言ったのよ。ンハハ。「え、俺の次の一手、なんだっけな？」と思って。そしたら栗谷が「そうですねぇ、いろいろあると思うんですけど、今やってるお笑いは言葉（の問題）が難しいから世界に行きにくいんで、『SASUKE』とか『料理の鉄人』とか、世界で話題だけどフォーマットとしてやれる、そういうフォーマットをひとつでもいいからつくりたいよね」って言ったのよ。「俺よりうまく答えてんじゃん……」と思って。ンハハハ。もう佐久間が止まって見えてる状態だからさ、佐久間の未来も止まって見えてる。アハハハ！

マジでちゃんとしたことを答えられるようになると、今度はボケも効いてくるわけ。「影響された作品は？」とかは栗谷がボケ始めて、実際にない月9のドラマとか言って、新田さんも知らないから「どんなドラマですか？」って言ったら、「知らないの？〇〇のシーン」みたいな。ボケと真面目が両方できてて、それがちゃんとおもしろくなって俺たちも笑っちゃったし。

あと、「あいつ、新田さんの目を見てしゃべれるじゃん！」っていう。すがやが「栗谷さん、佐久間さんを降ろしたら、女の子としゃへれるんだ」って言ってて。佐久間が止まって見える上に、女の子ともしゃべれる状態になったのよ。

それで、いったん収録が止まったときに、急に栗谷、ニセ佐久間が「新田さん、緊張ほぐれてきた？」つって。ウハハハハ。いい感じでイジってほぐしたりしてるのよ。そんなの俺もできないから。そしたら、ちょっとずつインタビュアーの新田さんも、ヘンな意味じゃなくてニセ佐久間に惹かれてきてるのよ。「私、この人にいい質問したい」みたいな感じにグイグイなってきたと思ったら、急に悩み相談を始めたの。「ちょっと悩み相談してもいいですか？」って。大丈夫かと思いながら栗谷見てたら、「いいよ、なんでも聞いて」つって。

そしたら「自分には特徴がないんです。それでいつも悩んでて、オーディションも通らない。特徴のない自分がどうやってこの芸能界でやっていったらいいですか？」っていう質問だったの。そんなのめちゃくちゃ難しい質問じゃん。俺もどうやっても答えられない。でも、ニセ佐久間がね、「ちょっと好きなものある？」って言ったら、「プロレスとかですかね」「ものまねでもいいし、好きなシーンとかでもできる？」「やってみます」ってやったんだけど、恥ずかしくなって笑って、途中でダメになっちゃったの。正直、それって一番ダメじゃん。

「栗谷、どうすんの？」と思ったら、「今できなくて悔しい思いしたよね。悔しい気持ちって持ち続けたほうがいい。この経験って絶対役に立つ。俺もテレ東入ったときに最初、ドラマのＡＤでキツかった。同じことやってるだけ、俺の存在の意味ってあんのかな、俺の特技、何も活かせない」って。これ、本当の話ね。フハハハハ。「でも、女子高生の弁当を小道具でつくったら、それがディレクターに認められて、ＡＤの仕事でもドラマっておもしろくできるんだと思ってからは、俺の仕事変わったの。今の若い子はチャレンジしない。でもね、今君、腰上げたじゃん、チャレンジしたじゃん。一歩目はもう踏めてんのよ、がんばるだけ、絶対大丈夫。周りのこと気になるけど、それは小さいことで、実は一歩チャレンジしたっていうのがめちゃくちゃ大きくて、そこから始まるから」つったあと、栗谷の目がちょっと濡れてんのよ。

さらに真剣な目になって「あのね、自信って目に見えないんだ。目に見えないから、自分でつくることできんのよ。架空の自信って持てるのよ。だから、マイナスなこと考えちゃいけないの。架空の自信をたくさん持って、気づかれてもいいや、でも気づかれなくても、架空の自信でがんばったら、それを本物の自信に変えればいいんだよ。それまで自分でがんばればいいんだ。本物の自信に変えられなかったら、俺が変えてやるよ、それがプロデューサーの仕事だよ」つって。俺、鳥肌がぞわぞわと立って、「えっ？　栗谷が佐久間超えてんじゃん」っていう。アハハハハ！　だって、めちゃくちゃいいこと言ってない？

栗谷はちょっと涙ぐんでるのね。そうなんだよ、栗谷ね、自分に言ってんの。そんな売れてない芸人の自分に対して言ってるわけ。で、新田さん、号泣。フッフフ。ニセ佐久間に人生相談して、モデルの新田さんが号泣してんのよ。

「うわ、すごいな～」と思ったんだけど、「これネタばらしする?」っていう。だって、ニセ佐久間でちゃんとインタビューして、悩み相談も完璧にして、泣いていい収録でした、ってなってんじゃん。同じ格好の俺行く? 台無しじゃない? スタッフみんなで「集合!」つって、「俺行く? どうする?」って悩んで、結論出なかったんだけど、どうしたかはYouTube（※2）でご確認ください。

（※1）『ストレンジャー・シングス 未知の世界』は、Netflixで配信されているアメリカのホラードラマシリーズ。1980年代のインディアナ州の架空の町・ホーキンスを舞台にしている。

（※2）佐久間宣行のNOBROCK TV「【奇跡】佐久間Pの代役オーディション　カカロニ栗谷がまさかの奇跡を起こす!」

この日のプレイリスト　東京事変「群青日和」

この日のおすすめエンタメ　映画『グレイマン』

脱力タイムズ

2022年8月17日放送

先週の『全力！脱力タイムズ』（※1）に出たんですよ。

昔仕事してた制作会社のプロデューサーから電話がかかってきて、「僕、今はフリーのプロデューサーで、脱力タイムズやってるんです。今日、有田（哲平）さんとスタッフで打ち合わせしたんですけど、佐久間さんにご出演いただけないかと思って」って言われて。

「いやいやいや……」って返したら、そのプロデューサーが「ん？」って言ったの。俺、『ん？』じゃねぇよ、そんな簡単に、とんでもない提案してくんなよ」って心の中で思って。「いやいや、自信ないです。俺、さすがに無理ですよ。っていうか、それ本当に俺ですか？」って言ったら、「佐久間さん、違いますよ、本編じゃないです。ツッコむ役じゃないです」って言われて。ウハハハハハ。「うわ、恥ずっ！」って思って。

「そうですか、出演オファーじゃないですよね。芸人の情報とかですか？」って聞いたら、「出演なんですよ。番組のラストにやってる『コンプライアンス委員会』ってあるじゃないですか。そこにヒコロヒーといっしょに出てもらいたいんですよ」って言われて。「いや、あのコーナーおもしろいから、そっちはそっちで責任が……『本編じゃなくてよかった～』じゃないのよ」と思って。で、「いや、ちょっと自信ないですね」って言ったの。スケジュールもまだわからなかったんで、「またメールでください。そしたらちゃんと検討して、お返事できると思うんで」みたいなことを言って電話を切ったのよ。

たぶん、プロデューサーからスタッフに「佐久間に電話しました。感触よくないです。『自信ないです』って言ってました」って伝わったんだろうね。その1時間後ぐらいかな、俺がよく仕事してる作家の寺田さんって人から、「お久しぶりです。連絡あったと思いますけど、僕の担当回なんで、どうしても出てほしいです。ぜひ！」って久しぶりにLINEが来て（笑）。

これは断りにくいなと思いながら、「スケジュール確認するんで、それでプロデューサーさんにお返事します」って返したの。たぶん寺田くんも、「あれ？　こいつ感触が……」って、アハハハハ、思ったのか、家に帰ってPCのメールを開いたら、「脱力タイムズの総合演出・名城ラリータです」ってメールが来てて。カンテレの特番で俺といっしょに審査員やって、若手（テレビマン）のＶＴＲを評価してたら、熱くなってバキ打ち☆2し始めて、結果的に上層部にまでブチギレた、でおなじみのラリータくんね（笑）。

開いたら、「先日のオールナイトニッポン、拝聴しました。トークで僕の名前を連呼いただきありがとうございます。つきましては、脱力タイムズにご出演願いたいんですけど」っていうメールで（笑）。「つきましては」じゃねーし。「お前はラジオで俺をネタにしたんだから、〝つきましては〟こっちのオファーも受けますよね？」って、重さが違くね？　ハッハハハハ。

「これはゆるい脅迫だな」と思ったんだけど、その「つきましては」がおもしろかったのと、たしかにラリータくんのことをネタにしたから、ＯＫするしかないと思って、「今、スケジュール確認中なんですけど、収録の日とかじゃないんで、なんとかなるかもしれません。ただ、自信がないし、お力になれるかどうかはわかりませんが」って返したの。

返信したそのあとぐらいかな、そのプロデューサーからまた電話がかかってきて。フッハッハ。たぶん、「あいつ出るぞ」って回ってんだよ（笑）。「佐久間さん、スケジュールなんですけど、なんとかなるんで」みたいな。「聞き忘れてたんですけど、ゲストってどなたが出るんですか？」って聞いたら、「トリンドル玲奈さんと、とろサーモンの久保田（かずのぶ）さんです」って言われて。「久保田くんですか、なるほど……こえ〜」と思って。アハハ。よりによって一番怖いタイプの芸人。「言い返されそう〜」と思いながら、もう出るって言っちゃったから、「わかりました」っつって。

せめて何かやれることはないか、準備したいと思ったんだけど、あのコーナーって、準備できることないいんだよね。だってさ、収録を見てダメ出しするわけじゃん。これ、けっこう誤解されるんですけど、**俺はちゃんと準備しないとダメなタイプなのよ**。ハハハハハ。フリースタイルの人間じゃないんだよ（笑）。しっかり構成を組み立てて臨むんだったらできるんだけど、その準備もできないから、（収録まで）ただ不安な2週間を過ごしたのね。

収録当日、ほかの仕事も手につかないままフジテレビのスタジオに行って。台本がいちおうあったんだけど、コンプラ委員会のところは書いてないから、「準備が！　全然できない！」と思って、「**イィ〜〜!!**」ってなりながら。アハハハハ。そしたらディレクターの方が来て、「せっかく佐久間さんが来てくださってるんですから、芸人・久保田へのディレクターとしてのダメ出しみたいなのがあってもいいと思います」みたいなことを言われて。「うわ、そっか〜、ディレクターとしてのダメ出しか……**それは準備できた〜！**」と思って、ハハッ、それは予想できたのに。手ぶらで収録行くなんて初めてだから、ドキドキしながら歩いてたら、スタジオの前でスーッを着たヒコロヒーがカッコよく立ってて、「よろしくお願いします、行きましょう」みたいな。「こいつ、カッケーな。なんにも動じてないよ。毎回手ぶらで臨んでんだ、すげぇな」と思いながら向かって。広いリハ室みたいなところにモニターが1個あって、テーブルにペーパーとペンが置いてあるのよ。ただふたりで収録を見るだけなわけ。収録が始まって、「カリカリ……」って音がして見たら、ヒコロヒーがもうメモってるわけよ。

「そっか、これは本当にガチだから、この時点でメモって何にツッコむか決めるんだ。ここから俺、自力で探すんだ。やべぇ……怖い、60分後ぐらいに本番来るんだ」と思ったら、またカリカリ音がして、ヒコロヒーの目線でメモってるわけ。本当にコンプラチェックしてるの。アッハハハハ。俺、思わず「これ毎回やってんの？　大変だね」って言っちゃったら、ヒコロヒーが「仕事ですから」みたいな顔で、力強くゆっくりうなずいて。またカリカリってコンプラの人に戻ってるわけ（笑）。

「ダメだ、俺も集中して見ないと」と思いながら収録見てて気づいたんだけど、脱力タイムズの収録ってさ、おもしろいんだよね。アハハハハ。あと、久保田くんもおもしろい。「ん〜、普通におもしれえな」と思って。アハハハハ！　久保田くんにダメ出ししなきゃいけないんだけど、収録全体を見ちゃって。

やっぱり脱力タイムズってすごいね。ほかの番組とまったく違うのが、思い切った前フリの長さなのよ。脱力タイムズって、始まって10分ぐらい、笑いがないときがあるじゃん。しっかり「ニュース」っていうフリがあるのよ。今どきの番組って、本編からドンと始まるじゃん。ドッキリ系なんて前フリをできるだけなくして、ドッキリの現象だけどんどん重ねていって本編を見せるわけ。早めに仕掛けないと視聴者が逃げちゃうから。

俺のやってる番組だって、けっこう本編からドンと入ることがあるんだけど、脱力タイムズだけ、大仕掛けの前フリをしっかり長く見せるのね。そのぶん笑いはないんだけど、「この番組は、待ってたらそのあと大きなおもしろいことがあるな」っていう期待感があるから、視聴者がそれを待てるわけ。（番組側も）「視聴者が待ってくれる」って信頼してる。

そうすると、裏切りのハードルが上がっていくじゃん。でも、裏切りのハードルもちゃんと毎回クリアしてるから、長い前フリも耐えられるし、裏切ったぶんの爆発力もあるっていう。「伝説回」とか言われたりする回があるじゃん。それって、勇気を持って、時代に逆行して、長い前フリをつくってるからなんだよね。これはいい番組だわ〜。

「ディレクターとして、普通に脱力タイムズは参考になるわ」と思ってたら、20分ぐらい経過してて（笑）。「やべぇ、番組の分析してた」と思って、パッと横見たら、ヒコロヒーがめちゃくちゃカリカリってメモつけてるの。俺のメモに比べて、明らかに気づいてるところがたくさんあるから、「何書いてるんだろうな」と思って。クラスでテストを受けてて、隣の女子が圧倒的にできてそうな空気のときあるじゃん。俺、一回カンニングしたのよ。ハハハハハ！

コンプラ委員会なのに、カンニングをするという。ハハハハハ！　座高が高いから上から見たら、やっぱり俺の気づいてないようなワードが書いてある。「たしかに久保田言ってたわ、あそこを拾うんだ、おもしろいな」と思いながら、収録のおもしろいところを見ながらツッコんでいくのは無理だというか、「これを俺がやっても意味がないな」って、そこで気づいたの。

俺はディレクターとしてキャスティングされたわけだから、やっぱり久保田くんの演者としての立ち回り、収録への臨み方とか芸風とかを言ったほうがいいんだと。裏側を言いすぎるかもしれないけど、よく考えたら俺、『あちこちオードリー』でも自由に話してもらって、ダメだったらこっちの編集でなんとかしてるし。だから、おもしろい番組をつくってるスタッフ、そしてラリータくんが編集でなんとかしてくれるから、俺は自分のやれることをやろうって、やっと気づいたのよ。ディレクターとしてチェックすればいいって。

それで気がラクになって、いつものＶＴＲチェックの気持ちでやろうと思ったの。まず、久保田くんがやってるようなことを左に書いて、今日の収録で起きたことを右に書いていって、その要素の中で合致するものに丸をつけていって。俺が収録で久保田くんを見て思うことと、今回起きたことをつなげて、ひとつの事象として話せるな、みたいな感じで、ディレクターとしての目線でまとめてたら、「お時間です。佐久間さん、もうすぐ来ますんで」って言われて。

15分ぐらい置いてから来るのかと思ったら、収録が盛り上がってゲラゲラ笑ってる久保田くんが、そのままガチャって。初対面じゃん。一瞬、久保田くんが「うわっ、佐久間だ……」って顔をしたんだけど、すぐにスイッチ入れて「あんたテレビに出すぎなんだよ、裏方がしゃしゃり出てくんなよ!」って先制パンチ。ハハハハハ。「う〜わ、プランと違う、こえ〜!」と思って。でも、そのあとヒコロヒーが、いわゆるコンプラ委員会的なダメ出しをして、爆笑を取って。ヒコロヒーがカッコよく、確実に爆笑を取ってくれたから、俺はディレクターっぽいことをちゃんと言おうと思って、「企画を壊すか乗るか悩んで、時間かかってましたね」とか、「スタッフの悪口言ってたけど、そうすると勝負の番組で(久保田を)使いたがる若手ディレクター、ひとりもいませんよ」とかって言ったの。

なんとなくのスタジオの笑い声は聞こえてくるけど、どのぐらいウケてるのかわからない。強い球投げても大丈夫だと思って全力でやってたら、あっという間、短いコーナーだから、10分も経たずに終わったような気がする。

俺はもう何がどうなったのかわからないから、終わったあとに小声で「うわ、緊張したぁ……」って普通に言っちゃったの。そのあと「これ、よかったのかどうかわかんないですね」ってスタッフに小声で言ってたら、左に影を感じたのよ。さっき俺がカンニングしたほうから。

パッと見たら、ヒコロヒーが俺に向かって親指立てて「グッジョブ」のサインをして、そのまま去っていったの。たぶんあいつ、あのまま喫煙所行ったんだよ。ウハハハハ！「カッコいいな～！あいつ、うまいタバコ吸うんだろうなぁ～！」と思って（笑）、俺の脱力タイムズ体験記が終わったんですけど、いや～、いい経験でしたね。

（※1）フジテレビ系で放送されている、報道風バラエティ。ニュースの内容、番組中のハプニング、タレントゲストの言動などに、何も知らされていない芸人ゲストがツッコむかたちで展開していく。「脱力コンプライアンス委員会」は、番組終盤に芸人ゲストがダメ出しをされる不定期コーナー。

（※2）「バキバキに打つ」という業界用語で、激しく怒ったり、ダメ出ししたりすること。

この日のプレイリスト　ヤバイTシャツ屋さん「ヤバみ」

この日のおすすめエンタメ　映画『13人の命』

鎌倉殿の13人

2022年9月28日放送

1か月前くらいに、初めて仕事するNHKのプロデューサーから「『鎌倉殿の13人』（※1）の関連トーク番組にご出演をお願いしたいんですけど」って電話が来て。ちょうど収録と収録の合間でバタバタしてて、短い時間しか話せなかったから「全然喜んで！」って電話切ったのよ。なんでそんな軽く返事したかっていうと、ちょうどその週に『ぷらぷらす』っていうNHKの見逃し配信を紹介する10分番組にアンガールズの田中（卓志）と出てたから、またそれだと思ったの。俺、生粋の三谷幸喜ファンだから、『鎌倉殿』は全話観てるし、ラジオでも言ってるくらいだから、そんなの全然大丈夫って。この時点で俺がイメージしてたのは、お昼か深夜に鎌倉殿ファンが集まって魅力を語る番組ね。

NHKの方がメールで詳細をすぐに送ってくれてたんだけど、そのメールが迷惑フォルダに入ってて、2日くらい見過ごしてて。添付ファイル開いたら、概要に「『鎌倉殿の13人、大感謝祭トークスペシャル（仮）』と題して、出演者とともにこれまでのドラマを振り返るトーク番組を制作し、番組ファンと盛り上がります。スタジオトークゲスト：小栗旬、小池栄子、坂口健太郎、佐藤二朗、坂東彌十郎」って書いてあるんだよ。待て待て待て、俺の想像と違うな。「え？　ファンのタレントは？」っていう。俺のマックスの想定が東野幸治だったんだよ。アハハハハ。ファン大集結スペシャルじゃない。ファン、俺だけじゃん！　しかも最後に「佐久間さまが鎌倉殿の13人をご覧になっているとお聞きしました。ですので、司会者をお願いできたらと思います」って書いてあって。「ですので」の使い方、一番間違っていると思うんだけど。司会者ってMCだよな。「ほぉ～……」って俺、声に出しちゃったからね。新橋の喫茶店で。

　現実味もないまま2週間後、打ち合わせの前日にまたメールが来て。「緊急のお願いです。三谷さんが対談したいとおっしゃっています。急で申し訳ありませんが今週の土日あたり、三谷さんの創作術について聞き出す対談をVTRにして、スタジオで出演者のみなさんと観たいです」って。「それ、林修じゃん。『初耳学』（※2）のしてることじゃん」と思って。ハハハハ。対談した上で自分のVTR観るっていう意味のわかんないシステムね。ハハハ。

　三谷さんが対談したいって言ってるのも大事件なんだけど、俺ね、三谷幸喜って上京した理由なのよ。中学で『やっぱり猫が好き』っていうコメディドラマで衝撃を受けて。そのあとの『子供、ほしいね』もめちゃくちゃおもしろくて、そこから追っかけるようになって。で、高校のころ「東京サンシャインボーイズ」っていう劇団がえらくおもしろいらしいって聞いてて、友達の友達から『ショウ・マスト・ゴー・オン』のVHSもらって観たことあったんだけど、めちゃくちゃおもしろかったの。「生で観たい！」って思ったけど、東京だから観れないわけ。で、親に頭下げて「東京の私立行かせてくれ」って上京して。サンシャインボーイズは間に合わなかったけど、そのあとの芝居は学生時代にほぼ観てる。そんな人に「創作術聞く？」って言われて、「マジかよ！」と思って。

翌日、NHKのスタッフとリモートで打ち合わせしたら、「三谷さんファンだって聞いたので、質問は任せます」って言われて。そこからはお互い駆け引きね。「そこはそっちではないですか？」「基本は任せます」「いや、演出はそっちですよね!?」「我々、バラエティは門外漢ですから」って言われて。ドラマのプロデューサーのみなさんでつくるトークスペシャルなんだよね。

そのときにちゃんと確認したんだけど、番組が日曜20時だったのよ。鎌倉殿を1週休んで、そこでやるゴールデンバラエティだったの。だから、大河ファンが全員観るのよ。ツイッター世界トレンド1位とかになるやつを1週休止して、俺MCのバラエティやるんだぜ。

その現実を知って震えたわけ。1個でも事実を間違えたり、三谷さんとの対談でたいしたこと聞けなかったら……昔の自分に申し訳が立たないのもあるけど、何より！　何千万人いる大河ファンの焼き討ちに遭うんじゃないかっていう怖さ！　「ドラマ休んで知らねぇおじさんが何やってんだよ！」ってなるじゃん。だってさ、大河観てる人はメインキャストを全員知ってるわけじゃん。知らない人は俺だけだよ。その知らないおじさんがMCをやるっていうイカれた采配。

しかも、当日流れるVTRもやる。ここから三谷さんとの対談まで1週間ないわけ。質問考えるにしても、事実誤認があったらいけないから観返すしかないじゃん。その時点で、32話くらいあんのよ。「1週間で32話!?」と思って。仕事的にどうしても無理だったから、まずは印象的な回を書き出して、その10話くらいを観返して質問案つくって、それで当日。

三谷さんがスタジオに入ってきて、「はじめまして」って言われて、俺も「はじめまして、テテテテ、テレビプロデューサーの……」って、アッハッハ。「佐久間」も噛んで、全部噛んで。「緊張してますか？」って言われて、これは正直に言うしかないと思って、三谷さんをどんだけ好きか話したら、ちょっとラクになって。そしたら、三谷さんが逆に「佐久間さんの

YouTube観てますよ。カカロニ・栗谷が佐久間さんに乗り移るやつ。あれすごい好きなんです」って言ってくれたから、「マジかよ……」と思って。そこで緊張もとれながら話したの。

今となってはね、あっという間に過ぎて覚えてない。1時間しゃべらせてくれたんだよ。覚えてるのは、けっこう早々に「とにかく素晴らしいです。三谷さん、大河を3作やられてますけど、その中でも一番くらい」って言ったら「一番って言われると、『真田丸』とか『新選組！』がかわいそうだから、一番とは言ってほしくない」って言われて、フハハ。やべぇ、速攻地雷踏んだ（笑）。まぁ半分冗談だったけど。

あと、三谷さんってさ、すげぇマジメな感じでボケるじゃん。「後半戦の見どころは？」って聞いたら、「今回コロナがあって、誰か休んだりもするんだけど、コロナの人はいなくても大丈夫なように、すぐにホンを書き直す。僕の危機管理のホンを見てほしい」って言われて。これはどっちだろう……ツッコんだら怒られる可能性があるから勇気がいるよね。でも、「そういうことじゃねぇんですよ！」ってツッコんだの。そしたら三谷さんが「ツッコんでくれた！」って感じで笑顔になったからホッとして、「本当の見どころ話してください」って言ったら、めちゃくちゃいいこと言ったんだよ。スタッフがしびれるくらい。

で、終わったんだけど、よく考えたらこれ、前座なのよ！　俺、このVTRを見つつ、林修やんなきゃいけないから。その数日後が収録だったのね。で、三谷さんの対談を受けたスタジオ台本には、「小栗旬、小池栄子、坂口健太郎、佐藤二朗、坂東彌十郎」がいらっしゃる。誰も会ったことがない。出演者と誰も会ったことないＭＣいるか？　あと、とにかくドラマの内容を細かく知らないといけない質問が、俺発進であんのよ。だからやっぱり全部の回を観直してないとできないＭＣなの。そこから観返したよ。そのうえ「収録から放送日までの放送回までのぶんも観てください」って言われて、送られてきた映像を前日に全部観て、当日はフラフラでスタジオ入り。

台本にメモしたくて、早めに入ってて。ケータイのメモは持ち込めないから、台本に写してたら、廊下がザワザワし始めて。あきらかにこれは役者陣が入ってきたなっていう感じの取り巻きの人の多さ。はた、と気づいたんだよね。「これ俺、楽屋あいさつ行くべきなのかな？」って。初対面だし。でも、行ってちょっとヘンな空気になったらやりづらいし、役者さんと仲良くやるとかうまくやるって考えると邪念が入るから、もうあいさつはしないって決めて。

で、廊下が静かになったの。この隙にトイレ行くしかないってトイレ入った瞬間に、佐藤二朗さんがおしっこしてて。いい人だから「おぉ！　佐久間さんはじめまして！」って、めちゃくちゃあいさつしてくれて。俺、小だったけど大に行ったの。閉じこもって佐藤二朗がいなくなるのを待ちながら、「俺、MCなのに、なんでこんなにコソコソしてるんだろうな……」って。

もうこういう思いをしないように、おしっこは全部出し切って。誰にも会わないように本番を迎えようと思ってスタジオに向かったら、前室にもういたの。小栗旬さん、小池栄子さん、坂口健太郎さん。あいさつしないわけにはいかないから、「どうもはじめまして、今日はよろしくお願いします」って、そそくさとスタジオ入ろうとしたら、小池栄子さんが「佐久間さん」って呼び止めてくださって。「東野（幸治）さんに鎌倉殿をおすすめしていただいて、ありがとうございます」って頭下げてくれて。で、小栗さんとかに「佐久間さんが、とにかくいろんなところで鎌倉殿を観る人を増やしてくださって」って言ったら、みんな笑顔になって。小池さん、めちゃくちゃいい人だなと思って。

一瞬その場にいて談笑しようかなとも思ったけど、話すことが何もないからスタジオに入って、メモを見返しながらMC席に座ったの。MC席が真ん中で、左側に出演者が並んで、俺の右手にアナウンサーの杉浦（友紀）さんがお座りになられて。で、俺の左側に台があったから、「これ台本置きですか？」って聞いたら「そうです」って言われて。そしたらキャストのみなさんが入ってこられてね。佐藤二朗さんは北条家の人じゃないから、「佐久間さん、あとで呼んでください」って言われてて。

で、プロデューサーの一番偉い人が来て「みなさん、台本ありましたけど、佐久間さん中心に自由にやっていただいていいんで。台本にとらわれないで、いろんな話を佐久間さんとやっちゃってください」って。俺は心の中で「バカヤロー！」って言ってたよ。ハハハハ。「こっちは台本通りやるんだよ。NHKだろうが！　台本守れ、バカ！」と思って。ドラマ班のみなさん、バラエティってそんなに自由にやってねぇから！　アハハハハ！

で、今度はカメラマンとフロアチーフみたいな人がコソコソ話し合ってるの。そしたら、フロアチーフの人が近づいてきて「佐久間さん、お隣の台本がちょっと目立つんですよね」って。きれいにつくったセットの中に汚ったねぇくしゃくしゃの俺のメモだらけの台本が置いてあるから、カメラマン的に邪魔らしくて。「申し訳ない、佐久間さん。これ撤収させていただいていいですか?」って言われて。俺が丸3日くらい徹夜して取ったメモを写した台本が撤収。

もう俺は「いいですよ」とも言わなかった。「あぁ、そうっすか〜」つって。

でもカンペはあるから、と思ったら今度フロアチーフが「佐久間さん、こっちきっかけのコメントしかカンペ出しませんので。もろもろフリーでやっちゃってくださーい！　さぁ楽しんでいきましょう！」って言われちゃって。「待て待て待て、俺、台本もカンペもなしでやんの!?」って。

収録が始まって、隣には俺を見つめる小池栄子、小栗旬、坂東彌十郎、坂口健太郎。で、「あいさつ、OPトーク」ってだけ書かれたカンペがあって。**「マジかよ〜、俺は準備の人なんだよ！」**なんだったら、俺は準備のせいで今日体調悪いんだよ、2日くらい寝てないから」っていう状態で、「はい、始まりました。テレビプロデューサーの佐久間宣行です」って。

もう思いの丈を話すしかないと思って、鎌倉殿がどんなに好きか話してる間に、すっかり佐藤二朗を呼び込むのを忘れて30分くらいトークをして、しびれを切らした佐藤二朗が**「いや、佐久間さんっ！」**って自分で入ってきたんだよ。ハハハハハハ。そこからはもうあんまり記憶にない。いや〜、すごい出来事でしたよ、マジで。バラエティっていうそういうことじゃないんだよ。ハハハハ。

（※1）三谷幸喜脚本、小栗旬主演による、2022年のNHK大河ドラマ（全48話）。鎌倉幕府の二代執権となった北条義時を主人公に、平安末期から鎌倉初期を描いた。

（※2）『日曜日の初耳学』（毎日放送・TBS）は、もともと世間であまり知られていない初耳ネタから作成したVTRをもとに、林修が出演者に出題する構成が基本だった

この日のプレイリスト BiSH「beautifulさ」

この日のおすすめエンタメ 映画『アテナ』

CMに出た

2022年12月14日放送

私、ソフトバンクのウェブCMに出まして。ハハハハハ！

俺も仕事でお世話になってるキャスティング会社から、「佐久間さんにウェブCMのオファーが来てるんですけど」って言われて。でもこういうのって、たいていなくなるのね。だから、そのぐらいの感じで聞いてたら、「クライアントがソフトバンクさんなんですけど」「ソフトバンクさんって、あの白戸家（※1）の……？　西島秀俊さんとか仲野太賀さんがスパイやってるやつ？」「あ、そうです。そのスパイのシリーズらしいんですけど」って。あっちも決まるわけねぇだろってテンションで、リストに入ってるからいちおう聞きにきましたよ、って感じで「競合ありますか？」って言われて。いや、あるわけないし。ハハハハ。

それが2か月前ぐらいに「あの、佐久間さん、決まっちゃいました」って言われて。その時点では、ウェブCMって言われたから、ひとりで商品について語るとか、番組のテイを取るとかね、そういうのだと思って、「わかりました」ってスケジュールを投げたの。

そこから3～4週間経って、「佐久間さん、（スケジュール）決まりました。この日に朝から撮ります。撮影の1週間前ぐらいにスタッフの方が打ち合わせしたいと言ってたんで、そこで打ち合わせさせてください。そのときに資料とか台本も送ります」って言われて。

で、打ち合わせの前日に絵コンテが送られてきたの。それを見たら、俺がバリバリ演技してるやつで、「ちょっと待って!?」と思って。俺、怖くなって一回（ファイルを）閉じちゃって。「ウソだろ？　普通の映画みたいじゃん……。明日打ち合わせするから、見るのやめよ！」と思って。ハハハハハ。

スタッフの皆さんとの打ち合わせになって、白戸家に西島さんと仲野さんがスパイとして潜入してるっていう世界観でスパイシリーズをやってますと。「そのスパイの局長、これが佐久間さんになります」って。ンハハハハハ。これを3本撮りますと。ハハハハハ！「佐久間さん、ご質問は？」って言われて、心の中で「できません」って言おうと思った。

そんなこと言えないから、もう一回絵コンテ見たら、しっかりセリフがあるだけじゃなくて、佐久間局長の相手が西島さんなのよ。佐久間、西島秀俊、そのあと見てビックリしたんだけど、ギャルスパイに「みりちゃむ（※2）」って書いてあって、ターゲットに「錦鯉」って書いてあって、西島秀俊さん以外、俺のYouTubeなのよ。フハハ。

みりちゃむがスパイで、口ゲンカのテイでずっとやるのね。みりちゃむって1年前は無名だったのに、口ゲンカだけでYouTube出始めて、1年も経たないうちにソフトバンクのCM決まることってある？ 口ゲンカってそんなにすごいの？ アハハハハ。

その打ち合わせで最後に、「佐久間さん、お知らせなんですけど、西島さん、この日スケジュール合わなかったので別撮りになります。佐久間さんとみりちゃむと錦鯉だけで撮りますんで」って言われて。「そうですか、わかりました」って言いながら、「それNOBROCK TVじゃん」って。ンハハハハ！ でも、逆に気持ちが軽くなったの。西島さんがいなかったら、全員素人みたいなもんだから、大丈夫かなって。

当日、朝8時入りでスタジオに入ったらすぐ、「メイクしてください」って言われて、メイクさんのところに行ったら、「監督から威圧感がある役って言われてるんで、怖くつくりますね」って言われて。俺、メイクさんに毎回言われることがあって、俺の髪って異常に量が多くて、髪が全部まっすぐなんだって。それを伝えるようにしてるのよ。「すいません、俺、髪まっすぐで前向いてるらしいから、いつもいろんなメイクさんに『髪上げてると落ちてきちゃう』って言われたりするんで」って言うと、「そうなんですね、わかりました。でも、威圧感って言われたから上げておきます」って、サラッと髪の毛上げてもらったの。

そのあと、スタイリストさんのところに行ったらグレーのスーツがあって、「威圧感のあるイヤなヤツらしいんで」って言われて、ちょっとだけ気になったのよ。**「俺、ちょっと威圧感のベースがあるのかな？」**って(笑)。で、スーツを着てるときにスタイリストさんが「あれ？　ちょっと……まぁ大丈夫です」って言うから、何があったんだろうなと思いながらスーツを合わせて、「お時間です」って言われたからスタジオのほうに行ったのよ。

そしたらさ、マジでスパイの本部みたいな、モニターがたくさんあって、パソコンがたくさんあって、スパイの部下たちがいて諜報局みたいな状態。カメラも異常にあって映画の現場みたいで、「うわ、すごい！　NOBROCK TVじゃなかった……」と思って。ハハハハ。

錦鯉が先に撮ってて、みりちゃむがいて、俺が入ったら、「いったんスタンドイン（※3）の皆さんで動きをやるんで、一回見てもらっていいですか」って。みりちゃむと同じ背格好ぐらいのギャルじゃない女優さんがスパイスーツを着てて、そのあと「佐久間さんのスタンドインさんです」って入ってきた人が、明らかに俺より10センチぐらい身長が高くて、俺より1.3倍ぐらい体格が大きい、スラムダンクの河田弟（※4）みたいな、丸ゴリのサイズなのよ。**「え、俺、**

こんなにデブだと思われんの？」っていう。ンフハハハ。

俺を見たときにみんなが「あれ？」って顔をしてたのは、たぶん、俺をすごいでかいヤツだと思ってたのに、「チビじゃ～ん」って。フハハハハ。そのスタンドインさん、演技はうまいんだけど俺より1.3倍大きいから、フレーミングとか全然違うんだろうなと思いながら動きを見てたんだけど、でかすぎてみりちゃむの進路を塞いだりしてるわけよ。結局、俺が入ったあと、「ちょっとカメラセッティングします」って、もう一回フレーミングし直してた。

それで、撮影が始まるんですけど、監督が俺のところに来て「もう一回役柄を説明します。基本、イヤなヤツというか」ってハッキリ。「西島さんを妬んでて、犬猿の仲です。テレビ局に潜入してきたスパイなので、権威を笠に着る感じで、自分が獲ってきたトロフィーを肩たたきに使って『俺はこんなに偉いんだぞ』って言いながらテレビ局に潜入してきた。コードネーム『sakuma』です」って言われて。それ、役づくり無理だって。ウハハハハ。

コードネーム「sakuma」って、俺、佐久間なのよ（笑）。ウェブＣＭ見たら、最初にコードネーム「sakuma」って出て、そのあとに「本部局長・佐久間宣行」って出てて。ハハハハハ！　コードネームって別名じゃねぇの？　そのあと、トロフィーを渡されて、「これで肩を叩いてください」って。みんな誤解してるけど、俺、テレビでトロフィーもらったことねぇんだけど。ハハハハハ。ラジオでしかないんだよ（※5）。

で、始まったんだけど、やってみてわかったのは、**同じことがまったくできないわけ。**ドラマとかCMって、段取りっていうのをやって演技を一回固めたら、役者さんは同じことを何回もやるわけ。それをいろんな角度で撮って編集するのよ。

一回ごとに違うこと言ってんの、俺。そのたびに監督が来て「あ、佐久間さん、前の言い方です」って言われるんだけど、前の言い方を覚えてない。前の言い方どおりに「みりちゃむ！」って言おうとしても、「みりちゃむ（低い声）」「みりちゃむ（高い声）」っていうのと出ちゃう（笑）。たぶん、音痴だからだと思うのよ。俺、歌は覚えてても、声の出し方がわかんないのよ。

監督も最初はふわっとした演技指導をしてくれたのね。さすがに俺さ、業界の先輩じゃん。でも、徐々に「佐久間さん、さっきのやつがコメディになってるんで、シリアス、真面目なバージョンで」って、バージョンで説明してくるようになって。**中盤ぐらいからは、言い方をちゃんとやってくれるようになって。**ハハハハハ。「佐久間さん、最後の『す』だけ力弱めてください」とか、ひとつずつ指定するようになって。「みんなに迷惑かけてんな」と思ってたんだけど、もう1コ危惧していたことがあって。

一回上げてもらった前髪が、芝居するたびに全落ちするのよ。それで、毎カットごとにメイクさんが「メイク入ります」って髪を上げるのね。一番最悪な「佐久間のメイク待ち」が発生したわけ。「うわ〜……」って気持ちと、「言ったじゃん」っていう気持ちもありながら、佐久間の前髪待ちで押していくのよ。

一本目撮り終わった瞬間に、メイクさんから「ちょっと佐久間さん、いいですか?」って言われて、ジェルとスプレーとピンみたいなので、髪をガチガチに固められて、フフフ、「これで大丈夫です」と。もうピットインよ、F1の。

今度は2本目に、みりちゃむに俺が「お前、何もわかってねぇな」って言われるシーンがあったのね。そしたら監督が来て「佐久間さん、『何もわかってないな』のあと、ちょっとアドリブで口ゲンカみたいなの続けられますか?」って言われたの。「え? それ、福田雄一(※6)のドラマとかでやってるやつでしょ」って思って。カットがかかったあとに、ノリノリの役者同士がアドリブでやってるやつじゃん。

「絶対無理だよ……」と思ったけど、「一回やってみましょう」ってなって、いきなり本番。ノープランで始まって、本当のことを言うことしかできないから、みりちゃむに「お前、何もわかってねぇな」って言われて、「編集とかはわかってる」って。スパイ設定とか関係ない(笑)。「編集の何がわかってんだよ?」って言われたから、「演者のバランスのいい構成」、フハハ、「あと、見どころとCMの入れ方」。ハハハハハ。

「なんだそれ!」っていうやりとりを続けながら、なかなかカットがかからないのはどっちなんだろうなと。おもしろいから延ばしてるのか、「こいつら全然使えねーな」と思ってやってるのか。とにかく地獄の時間、素人のアドリブ合戦よ(笑)。普通それって、菅田将暉と仲野太賀とか、西島さんと仲野太賀がやるやつでしょ?

そのあとのもう1本は、「局長が裏ではラジオパーソナリティをやってたっていう設定で、PayPayポイントに関するメールが来るんで、それを読みながら『ガハハ』って笑いながらポイントを説明してください」って言われて。これも10回ぐらい、いろんなテイクを撮った。

今度は「西島さんにめちゃくちゃ詰められて、キレながらトロフィーを全部倒してアワアワする芝居です」って。見てられる? 素人のアワアワする芝居。素人の芝居の中で一番ヤバいのは、「ああ〜っ……!!」ってアワアワする芝居だよ。これを15テイクぐらいやりました(笑)。最終的に、西島さんと向き合う、ガッツリ撮るシーン、「風をブワーッと流します」って言われたんだけど、ガチガチに固めたから、髪が1ミリも動かないっていう。ウハハ!

（※1）ソフトバンクのCMに登場する架空の家族。お父さんの白戸次郎が犬だったりとユニークな構成で、長きにわたってシリーズ化されている。

（※2）『egg』専属モデルの大木美里亜。「佐久間宣行のNOBROCK TV」の「第一回口喧嘩最強女子オーディション」で抜群の口ゲンカセンスを発揮し、以降、錦鯉の渡辺隆を罵倒する企画などにたびたび登場している。

（※3）映画やテレビ番組などの現場で、照明や撮影の準備、立ち位置確認の際に演者の代役を務める人。

（※4）漫画『SLAM DUNK』に登場するキャラクターで、絶対王者・秋田県立山王工業高校1年の河田美紀男。3年の河田雅史の弟で、身長210センチ、体重130キロという巨体が特徴。

（※5）佐久間が娘との箱根旅行について語った2022年4月6日放送回が、日本民間放送連盟賞番組部門ラジオ生ワイド番組で最優秀を受賞した。

（※6）ドラマ『勇者ヨシヒコ』シリーズ（テレビ東京）、『今日から俺は!!』（日本テレビ）、映画『銀魂』などを手がけた、コメディを得意とする劇作家、ドラマ・映画監督。

この日のプレイリスト Hi-STANDARD「Can't Help Falling in Love」

この日のおすすめエンタメ 映画『THE FIRST SLAM DUNK』

ゲストトーク
特別収録
バカリズム

2020年10月22日放送

『ウレロ』シリーズ、『ゴッドタン』など、佐久間が手がける番組の常連として、佐久間から絶対的な信頼を寄せられていると思われるバカリズム。しかし、ゲストとして登場するや、「佐久間さんの連れているパーティには入っていない」と語り、佐久間に対する思いをぶつけた。冷静な自己分析と、それゆえの孤独など、佐久間が想定していたバカ話とは大きく逸れながらも、濃厚なトークとなった。

バカリズム
1975年11月28日、福岡県生まれ。本名は升野英知（ますの・ひでとも）。2005年よりピン芸人として活動。現在、テレビレギュラー番組を中心に活動するかたわら、定期的に単独ライブを実施。『IPPONグランプリ』（フジテレビ）では最多となる6度の優勝を果たすなど、大喜利力に定評がある一方、近年は脚本家としても活躍。『架空OL日記』（読売テレビ）で第36回向田邦子賞を受賞したほか、『素敵な選TAXI』（関西テレビ）で第3回市川森一脚本賞奨励賞、『ブラッシュアップライフ』（日本テレビ）で東京ドラマアウォード2023脚本賞を受賞している。

佐久間さんが連れているパーティには入っていない

バカリズム（以下、バカリ） 緊張するんですか、僕？

佐久間 しますよ。俺、緊張する人って言われたら、升野さんとバナナマンの設楽（統）さん。雑談では緊張しないけど、レギュラー番組をやってるわけじゃないから、行くときってだいたい企画を当てるときじゃないですか。「よく考えたら、バカリズムにネタ当ててる」って思っちゃうの。

バカリ いやいやいや。でも、意外と佐久間さんとは微妙な距離感なんですよね。『ウレロ』をやってたから、東京03とか、劇団ひとりと同じような感じに見えて、実はちょっと違うと思ってたんです、僕の中でも。

佐久間 わかります、わかります。でも、知り合って11年とか12年ですよ。

バカリ 佐久間さんの連れてるパーティには入ってないんですよ。佐久間さんが連れてるパーティは、劇団ひとり、おぎやはぎ、オードリーのお気に入りのメンバーで、馬車にはバナナマンさんとかもいて……僕も馬車にいると思ってたんです。なんなら、『ウレロ』をやってるときは、パーティにいると思ってた。

佐久間　いましたよ。

バカリ　でも、終わった瞬間に「あれ？　馬車にいるな」と思って。そのときオードリーは馬車にいたんですよね。馬車というか、ルイーダの酒場（※1）に。

佐久間　出会いの場所ね。

バカリ　そうそう。でも、それぐらいの時期にオードリーとドラマっぽいことやってたじゃないですか。

佐久間　『SICKS～みんながみんな、何かの病気～』っていうコント番組。

バカリ　そうそう。気づいたらオードリーがパーティにいて、「俺、馬車にいるな」と思って。そうしたら『青春高校（3年C組）』がはじまって、馬車にガキがいっぱい乗ってきたんです。

佐久間　乗ってきたね。

バカリ　で、僕は今、ルイーダの酒場にいるんですよ。

佐久間　アハハハハ！

佐久間とオークラに抱いてきた劣等感

バカリ　言われてみれば、ウレロの発端って、オークラさんと佐久間さんが東京03を売りたいっていうことで始まった企画だな、とか思って。

佐久間　まぁ、それはたしかに。

バカリ　でも、それだと企画書が通らないから、僕と劇団ひとりがネームバリュー要員として呼ばれた。結果的におもしろかった、楽しかったって一緒にやってはいるけど、どっかで〝ネームバリュー要員〟っていうのはずっとつきまとってたんですね。

佐久間　「ネームバリュー要員」って言葉、初めて聞きましたよ(笑)。でも、一座感もあったじゃないですか。

バカリ　ありましたよね。でも「あれ、最近やんねぇな」とかがあって、そんな中で佐久間さんのANN0が始まったんですよ。しかも、あのときウレロやってましたよね。

佐久間　その冬にやってましたね。

バカリ　そうですよね。で、劇団ひとり、03ときて、僕も（ゲストに）呼ばれるだろうなと思ったんですよ。「あれ？　呼ばれねぇな」と思って。

佐久間　フハハハ。

バカリ　実はこの10年くらい、どっかでその劣等感がずっとあったんですよ。で、それは（放送作家の）オークラさんに対してもあるんです。

佐久間　え、オークラさんにもあります？　だって、僕より前から知ってるじゃないですか。

バカリ　さかのぼってみると、僕がコンビだった若手時代にオークラさんは03だとかバナナマンのライブも手がけていて、僕はそこにいっさい呼ばれてないんです。仲もいいのに。

佐久間　ラーメンズとやってた『チョコレイトハンター』とか『君の席』とか。

バカリ　「なんでだろうな？」と思ってて。そのあともいろいろやってるけど、ここ一番で呼ばれてないんですよ。

佐久間　ここ一番は呼ばれてない（笑）。

バカリ　一緒に仕事はしてるんですよ。それも考えてみれば、全部僕がオークラさんにお願いして来てもらってるんです。『（素敵な）選ＴＡＸＩ』も『住住（すむすむ）』も（オークラさんが）必要だからって。でも、オークラさんは僕を必要としてないんです。

佐久間　ちょっと待ってください、升野さん、生きづらいでしょ（笑）。

バカリズムはシザーハンズだった!?

佐久間　もう十数年の付き合いだから正直に言うけど、升野さんに企画を当てるときは、若手のディレクターにはやらせないって決めてるんですよ（笑）。

バカリ　ほかは違うんですか？

佐久間　「今回は若手ディレクターいってみるか」とか、ありますよ。それは升野さんの問題じゃなくて、当てるなら絶対に俺たちがちゃんとやんないとダメだろうなって思わせる空気。

バカリ　僕ね、それダメだと思うんですよね。オークラさんにも「なんか、ちょっと怖い」って言われてたから、とにかく「そんなことないよ」っていうのを前面に出していこうとしてて。

佐久間　でも、実は升野さんが現場の空気を一番よくしてくれてるって、去年ぐらいに発覚しましたよね。

バカリ　ウレロのときは、誰よりもずーっと前室にいて、終わったら必ずみんなとごはんに行って。

佐久間　それをずっとやってきてくれてたのに、俺たちが気づいたのは去年。ウレロが復活したときに、福原遥ちゃんがいたじゃないですか。一番ちゃんとしゃべってくれるのは升野さんだって話になって。劇団ひとりもフランクなようでいて、人見知り芸人の典型だから。

バカリ　そうですよね。03も人見知りだし。

佐久間　リハのときは雰囲気もいいんだけど、終わったあとに役者さんがポツンといることがよくあって。そういうとき、升野さんが毎回話しかけてくれてるなっていうのに俺たちが気づいて。2011年からやってるのに、9年後に初めて気づくっていう(笑)。

バカリ 遅い。あんだけ心開いてたのに。僕はみんなのことが好きだからがんばってましたよ。ウレロも好きだし、『ゴッドタン』も好きだし、佐久間さんとオークラさんに好かれたいけど、でも誤解されてるだろうなと思って。

佐久間 たしかに、ゴッドタンの「オオギリッシュNIGHT」でも、いつも真っ先に前室にいてくれますよね。

バカリ そうですよ、そんなのよその現場ではなかなかないですよ。みんなが好きだから、みんなとお笑いができるから(早く前室にいる)。

佐久間 アハハハハ! シザーハンズ(※2)じゃないですか(笑)。街にちゃんと下りてきてるのに、ハサミがあるから俺たちが勝手に勘違いして。

バカリ 悲しい。

佐久間とのサシに、思わず想い溢れてしまう

バカリ 僕が結婚したときに、オークラさんが『Quick Japan』に僕のことを書いてくれてたんですよ。

佐久間　けっこう感動的な内容のね。

バカリ　あのとき、全部が腑に落ちたんですけど、オークラさんは僕のことだけは、対芸人って感じじゃなく、書く人間としてのライバル視がどこかであるから、ライブをやるときに呼ぶ感じじゃなかったって。戦友ではあるけど、同じ線上というか、横並びにいる感じっていう……というか、今もこうやってしゃべりながら「俺、けっこうしゃべる量多いな」と思ってるんですよ。佐久間さんとこんなにしゃべることないから、なんか想いが。

佐久間　升野さんとサシはないですもんね。だいたい、劇団ひとりか03の飯塚（悟志）さんがいることが多い。

バカリ　本当は転がされなきゃいけなかったのに、いきなり想いをぶつけて、佐久間さんの持ち味が活かされてないなと、今思いながら。

佐久間　そんなことないけど、さっきの打ち合わせで「お任せします。なんでも」って言ったじゃないですか（笑）。

バカリ　でも、オープニングを聞いてたら、「すごい緊張する」とかすげえ持ち上げるから、「え、待って、待って、待って？」みたいな。同い年だし、バカ話しましょうって言ってたじゃないですか。本当に、こんな話するつもりなかったんですよ（笑）。

佐久間　お互いに思いの丈をぶつけ合うっていう（笑）。

ANNにはぐちゃぐちゃで来なければいけない

佐久間　俺からすると、升野さんはまずネタの人なんですよね。『爆笑オンエアバトル』（NHK）でコンビ時代のネタ、「ラジオ挫折」とか「屋上」を見て、畏敬の念があったんです。こんなにおもしろいネタをやってるのにそこまで売れてないんだ、と思って。正直に言いますけど、バナナマンとバカリズムは、俺が会う前から完成してる人で、売れてないだけだと思ってた。東京03とか、なんだったら劇団ひとりも完成はしてたけど、まだイジり方のある人だと思ってたし、おぎやはぎなんて全然固まってなくて、バラエティの出方もぐちゃぐちゃだった。だから、最初の馬車に乗ったのが、おぎやはぎとか、劇団ひとりとか、03だった気がするんですよね。

バカリ　これ、すごい大事なところですよね。そういう余白がある人のほうが、ディレクターさんとがっちり肩を組んでやっていきやすいですよね。ANNもそうで、オードリーが完成する前からずっとやってるから、ニッポン放送にとっても「俺たちが支えてた」っていう自負があるんですよ。

佐久間　それはあると思います。あとはやっぱり若林（正恭）くんがその時々に、変わってきたことを話すじゃないですか。

バカリ　そうですよね、僕にはその隙がないし、わりとやらせてもらうようになったとき（※3）には仕事もある程度増えてる状態だったから、ニッポン放送からすれば、なんの育て甲斐もないんですよ。

佐久間　アハハハ！

バカリ　もう頭打ちも、頭打ち。

佐久間　傭兵みたいな感じですよね。

バカリ　そうですよね。僕は長くやりたかったけど、今長くやってるのって事務所の後輩の三四郎とかじゃないですか。

佐久間　そうだわ。なんだったら三四郎もぐちゃぐちゃの状態で来て。

バカリ　そうなんですよ。ここに来るなら、ぐちゃぐちゃじゃなきゃいけないんです。「そっか、俺にはその伸びしろというか余白がなかったから、佐久間さんにとっても育て甲斐がないんだ」みたいな。

バナナマンとバカリズムがテレビで時間がかかった理由

佐久間　育て甲斐というか、俺が関わってても「升野さんは升野さんだな」と思ってた時期はあります。たぶんですけど、バナナマンとか升野さんがテレビバラエティで時間がかかったのは、そう思われてたんだと思いますよ。みんな、口出せないだろうなと思ってたっていうか。

バカリ　そんなことない（笑）。

佐久間　勝手にね。でも、それを日村（勇紀）さんが突破して、設楽さんも「こんなに空気読んでやってくれるんだ」っていうふうになっていって、最後に僕らが気づくのが升野さんなんだけど。升野さんはなんやかんやバラエティというより、ちゃんとネタで売れたから、「誰が売った」がない人じゃないですか。

バカリ　そうなんですよね。誰の手柄にもさせてあげられてないんですよ。

佐久間　アハハハ！　違う、違う。それはすごいことなんですよ（笑）。

バカリ　違います、って僕の今の言い方もちょっとなんか聞こえが悪いけど（笑）、僕自身は、ずっとぐちゃぐちゃな状態なんですよ。今でもバラエティに出て落ち込んで帰ることも多いし、「もっとこうやれたな」とか「いまいち決め手に欠けたな」とかありますもん。

佐久間　反省するんですか？

バカリ　落ち込みっぱなしですよ。「ああ、今日もダメなところがバレた……」とか、「これでまた1個仕事減る……」とか思いながら帰りますよ。でも、あんまり仕事帰りにそんな顔しちゃいけないから、一生懸命やりきった顔をして帰るんです（笑）。今って、弱音を吐く人のほうが好かれるじゃないですか。

佐久間　わかります。世の中的にもみんなつらいから、共感できると思ってもらえるというか。

バカリ　みんなそういうことをラジオで吐いたりして、ちゃんと隙を出せてるんですけど、僕は自分がラジオをやってるときも出さないから。

佐久間　升野さんのラジオは、ネタメールとがっちり用意したものの戦いみたいな感じだもんね（笑）。

バカリ　そうですね。リスナーとの大喜利合戦みたいになっちゃうから。

佐久間　もちろん美学もあると思うけど、生来の性格からそうなっちゃうんですよね。たとえば、おぎやはぎとか劇団ひとりがぐちゃぐちゃな状態から一緒に付き合ってきたホームグラウンドがゴッドタンだとしたら、たぶん升野さんのそれは『アイドリング！！！』（※4）だと思うんですよ。

バカリ　あ〜、そうですね。

佐久間　アイドリングのプロデューサーの門澤（清太）さんと一緒にいるときの升野さんが、たぶん一番少年の升野さんだと思う（笑）。

（※1）　RPG『ドラゴンクエスト』シリーズに登場するスポット。主人公の仲間となるキャラクターをパーティに加えたり、離脱させたりすることができる。

（※2）　1990年にアメリカで公開された映画。ジョニー・デップ演じるエドワードは心優しい人造人間だが、両手がハサミになっているため、街の人々から恐れられてしまう。

（※3）　バカリズムは、2013年から2015年にかけて『バカリズムのオールナイトニッポンGOLD』を担当したほか、2018年には期間限定で『バカリズムのオールナイトニッポンPremium』を担当するなどしている。

（※4）　2006年から2015年にかけて、CS放送および地上波にて放送されていたフジテレビのバラエティ番組。番組発のアイドル「アイドリング!!!」が出演し、バカリズムはMCを担当していた。

ゲストトーク特別収録

森田哲矢（さらば青春の光）

2021年4月20日放送

キングオブコントで一躍注目を集め、その後、事務所から独立。個人事務所「ザ・森東」の社長を務めながら、テレビだけでなくライブやYouTubeなど、多彩なフィールドで活動を続けている森田哲矢（さらば青春の光）。佐久間がコンビ結成や事務所独立などの経緯を改めて聞きながら、佐久間と森田がなぜか引き寄せられる「東ブクロ」という男についても掘り下げていった。

森田哲矢（もりた・てつや）
お笑い芸人／株式会社ザ・森東代表取締役社長。2008年、東ブクロと「さらば青春の光」を結成。『キングオブコント』（TBS系）では2012年に準優勝し、6度も決勝進出を果たすなど、巧みなコントで注目を集める。2013年には個人事務所「株式会社ザ・森東」を設立。テレビ、YouTube、ライブ、ラジオなど、幅広いフィールドで活躍を続けている。また、フィンランド発祥のスポーツ「モルック」を趣味とし、日本代表として世界大会にも出場した。

どこかで「こいつのことは一生信用できへんな」と思ってる

佐久間　（さらば青春の光の）結成が2008年？　結成にあたって（東）ブクロから長文のメールをもらったって。

森田　はいはい、もらいましたね。そのときから片鱗が出てるんですよ。だって、僕がコンビ解散したからって、あいつはそのとき先輩と（コンビを）組んだままオファーかけてるわけですから。で、こっちが「OK」ってなったら、「ごめん、こっちもOKもらったから」って。すごないですか？

佐久間　すごいね。森田も先輩なわけでしょ？　先輩から先輩に乗り換えたってことだ。

森田　それを見てるから、やっぱりどこかで「こいつのことは一生信用できへんな」って、思ってますもん。

佐久間　同意書ぐらいの長文メールだったって。

森田　それで、最後に「OKしないとこの世界を辞める」っていう一文がついてて（笑）。

佐久間　先輩と組んでるのに？

森田　そうですよ（笑）。ホンマにメンヘラ。「えー、ウソやん」って、しゃーないからOKした感じでしたね。

佐久間　それで4年ぐらいやって、事務所を辞めて。ウィキペディアに「給与に不満のあるブクロが給与明細をツイッターにあげたりなど」って書いてあったけど本当？

森田　本当。あいつ、すぐ調子に乗るんですよ。『キングオブコント2012』の決勝に行って。僕らはそこから金を稼げると思ってたんです。

佐久間　準優勝だもんね。

森田　そうです。ここからバカバカ金が入ってくると思ってたけど、たしか、キングオブコントに出た3か月後の給与が、8千円やったんです。月額で。

佐久間　それはしびれるねぇ。

森田　あまりに低い額だったから、ブクロがブチギレて「この明細書、養成所の前に貼ったろか」みたいなツイートをして、それが波紋を呼んだみたいな。

佐久間　そこで（事務所と）多少ギクシャクして。ぶっちゃけ当時は、若くて「イケるやろ」ってのもあったんでしょ？

森田　まぁ、そうですね。

佐久間　今の森田からは考えられないけど。

森田　本当そうです。青臭かったっすね、あのころは。

8年ぶり2度目のスキャンダル

佐久間　（事務所を）辞めて東京に来た一発目に、あのブクロの件があったんだっけ。

森田　辞めた2か月後ぐらいには、もう不倫してました。

佐久間　アハハハハ！　それで仕事がなくなったんだよね。

森田　全部なくなりました。すごないですか？　東京に来て2か月で（笑）。まだ、東京にビビってる時期に、堂々と不倫してんすから。

佐久間　それで、もう所属もあきらめて。

森田　はい。もともと、事務所が出した文章自体が「こいつらはもう面倒見きれないんで」みたいな感じだったんですよ。

佐久間　そうだった、「マネジメントできない」みたいな。

森田　あとで専門家みたいな人に聞いたら「これは反社の破門状と一緒です」と言われるような文章で（笑）。ブクロの「給料貼り出してやろうか」みたいなのがあっての対応やったと思うんですけど、それで各社が手を引いた感じはありました。

佐久間　なるほど。

森田　そこにとどめを刺すかのように、あの事件があって（笑）。「もう、どこにも入れません」って感じでしたね。

佐久間　当時のことは覚えていて、ゴッドタンのスピンオフでやってたｄＴＶ（現Lemino）の配信番組にコンビで呼んだとき、マネージャーさんや森田が「本当にコンビで大丈夫ですか？」って（笑）。

森田　「ネタギリッシュ（ＮＩＧＨＴ）」ちゃうかったかな。

佐久間　「ネタギリッシュ」と「ヒドイ女サミット」だね。ネタギリッシュは地上波で、そのあとの配信のほうはヒドイ女サミットに来てもらって、そこで初めてブクロの１回目のスキャンダルの全容が説明されたんだよ。

森田　そうや。鬼ヶ島の和田（貴志）さんも来たんですよね。で、（劇団）ひとりさんがその事件の全容を知って、「いつか俺が映画にする」って言ってましたね（笑）。

佐久間　アハハハハ！　そうそう。あれをいろんな業界の人が見たっていうのは聞いたよ。そこで「なるほどね」みたいな。

森田　そう考えたら、ありがたいですね。

佐久間　俺たちは、単純にあんな一大絵巻になると思わなかったよね。

森田　でも、その当時もお伺いしましたけど、去年1年間も「ブクロも（一緒で）大丈夫ですか?」って、ずっとそれをやってました。

佐久間　社長としてね（笑）。

森田　社長として。2回目のスキャンダルで、8年ぶり2度目って言われてたから（笑）。

佐久間　甲子園（笑）。

森田　富山第一ぐらいのノリで。

コンビで呼ぶっていうことは、そういうことですからね

佐久間　メールがきてます。「仕事を受けたあとに依頼主と揉めたことはありますか?」

森田　えー、どこまで言っていいのか。まぁ、揉めるよね～（笑）。

佐久間　MCクラスの芸人以外、みんなそれは味わってるよね。フリーだからって、ちょっと軽く見られてるときもあったでしょ。

森田　テレビとはあまり揉め……いやテレビもあるか。「仮バラシ」って言葉までは僕も知ってたんですけど、「決定バラシ」もあるんですよね。

佐久間　アハハハ！

森田　ちょっと待ってって、辞書で「決定」を調べたら「決まること」って書いてあって。「あれ？　決定のバラシって何？」みたいな。

佐久間　それは珍しい。ＡＰに「これ決定出さないとスケジュールもらえないんで、決定出しますからね」「決定出したら企画変えないでくださいよ」って、いつも言われてるよ。

森田　でしょ？　それがバラシになって「え、決定がバラされんねや」って。で、決定の上に何があるかっていうと、「大決定」があるんですよ。ＡＰさんが「今回はマジ、大決定なんで」って。「大決定までいくと、決まんねや」みたいなのはありますね。

佐久間　それは番組によるけどな。俺たちは決定でバラしたことないけど。

森田　あとは、ちょっとしたYouTubeの案件とかは、「なんでもやっていい」って言うから受けたのに「あれ？　聞いてた話と違いますね」みたいなのはありますけどね。けっこう突いていくんで（笑）。

佐久間　アハハハ！

森田　でも、致命傷にならないぐらいの揉め方ですけどね。最後は「またやりましょう」ってシェイクハンドで終われるようにはしてます。

佐久間　広告系の仕事の人には、ブクロリスクも全部説明するんしょ？

森田　絶対しますよ、当たり前じゃないですか。違約金なんか発生してたまるか（笑）。ゴールデンの番組とかもそうで、最近はコンビで出れるみたいなオファーもちょこちょこありますけど、呼んでくれるのはありがたいんですけど、「コンビで呼ぶっていうことは、そういうことですからね」っていうのはちゃんと言います。

佐久間　ブクロリスクもありますよ、っていうね。この間、『ケンミンＳＨＯＷ』で天竺鼠（てんじくねずみ）の瀬下（豊）がばっさりカットされてた（笑）。

森田　やっぱり、収録上ああいう人間をいかに端っこに置いとくかですからね。なんやったら俺がディレクターに指示しますもん。「ブクロ、端っこにしといてください」って。

佐久間　そういえば、前に『ゴッドタン』にさらばがふたりで来てくれたとき、森田が冗談で「ブクロ端じゃなくて大丈夫ですか？」って言ったの覚えてるわ。

森田　アハハハ！　僕もその辺のリスクは番組に寄り添いたいから。

佐久間　制作側にね。

森田　はい。だから、それは言いますよね。やっぱり。

おもしろい芸人は結果的に売れる、が……

佐久間　CM中に「ニューヨークも、一瞬ダメだと思うときあったけど、いったなぁ」って話してたじゃん。やっぱり、結果的におもしろいヤツは売れるんだね。

森田　そうですね。ホンマにニューヨークとは仲ええし、おもろいのはわかってたし、あいつらのラジオとかYouTubeとかよく駆り出されて行ってましたけど、「あれ、ホンマにこいつらってもう売れへんのかな？」って思う瞬間は、やっぱり一瞬あったから。

佐久間　あった、あった。だって、『ゴッドタン』の「腐り芸人セラピー」の一発目がニューヨークだもん。ニューヨークと、鬼越（トマホーク）。

森田　でも、結果ここまでちゃんとやってるわけじゃないですか。しずるのKAZMAさんもみんなず〜っとおもしろいって言ってて、この間の『アメトーーク！』であそこまでいった（※1）ってのがあるから。だから、結局（芸人仲間が）おもしろいと思ってた人は、いつかそうなるんかなって思うんですけど……かもめんたるの槙尾（ユウスケ）さんだけは、全然ならへんのですわ（笑）。

佐久間　アハハハハ！

森田　俺、ずっとおもろいと思ってるんですけど。

佐久間　（岩崎）う大くんは、めちゃくちゃ評価されてるよね。

森田　すごいんですけど、実はかもめんたるって槙尾さんなんですよ。

佐久間　プレイヤーとしてでしょ？

森田　そう。コントのキャラの豊富さとかじゃなくて、単純に演技のうまさだけでいったら、たぶん槙尾さんのほうがうまいんですよ。槙尾さんってう大さんの頭の中を忠実に再現できるマリオネット。たぶん、マリオネットの紐200個ぐらいついてる（笑）。関節すべてまで、う大さんの意のままに動かせる人やと思うんですけど、槙尾さんだけがまだイマイチ（ハネない）。ずっとカレーだけつくってるなって（笑）。

佐久間　しかも、いろいろ揉めて閉店したしね。

森田　そうそう、新宿店ね（笑）。『ゴッドタン』でも言いましたけど。エルシャラカーニの（山本）しろうさんと揉めて。でも、なんとかなんねやろなとか思うんですよね、結果的に。

佐久間　そうだよな。ライスとかもおもしろくなってきてるし。

森田　たしかに、ライスさんもそうですね（笑）。ライスさんはどうなんすか？

佐久間　ここで言うと誤解を生みそうなんだけど、ライスは千鳥の番組に何回か来てくれてて。平場から降りるのよ、すぐ（笑）。

森田　アハハハハ！　あぁそうか、スタンスから。
佐久間　それが早いの（笑）。編集するんだから、もっと粘ってくれていいのにって思う。
森田　すぐ降りちゃう笑いというか。
佐久間　そうそう。それは前に大悟とも話したことあるな。
森田　実はライスさんも両方ちゃんとおもろいですからね、関町（知弘）さんが注目されがちですけど、田所（仁）さんもちゃんとおもろいし。

最後の砦・みなみかわ

森田　あの～、みなみかわさんはどうなんですか？　これがもう俺らの最後の砦というか。
佐久間　俺がめちゃくちゃおもしろいと思ってるのはわかってるでしょ？
森田　そうですね。
佐久間　ピンの企画を立ててるんだから。ただ、なんて言ったらいいんだろうな。いま、あいつの中のジキルとハイドが戦ってると思うんだよ（笑）。
森田　マジでそうやと思います（笑）。
佐久間　こっちの道が引かれてるけど、行っていいのかどうなのかって、みなみかわの中のみなみかわがいろいろやってんのよ。

森田　嫁が今すごいアグレッシブなの知ってます？　みなみかわさんの嫁。

佐久間　知ってる。嫁のインスタでしょ。

森田　そう。旦那が全然売れへんって勝手にインスタ開設して、東野（幸治）さんとかに「うちの旦那使ってください」ってDMを送って（笑）。こないだ（千原）ジュニアさんにも送ったって。すげえなぁ（笑）。

佐久間　『ゴッドタン』でみなみかわの企画をやったあと、みなみかわの奥さんのインスタストーリーに「さすが佐久間 神編集」って書いてあった（笑）。

森田　アハハハハ！

佐久間　ちょっと待ってくれよって（笑）。

森田　いや、すごいんですよ。「もう私が売る！」って、今、みなみかわさんに口ぐせのように言ってるのが「太田光代さんに会わせてくれ」って。アハハハ！

佐久間　みなみかわが爆笑問題にハマると思ってる（笑）。

森田　「私が太田光代になる！」って。

佐久間　なるほど、やり方としてね。

森田　僕も何回も会ったことあるんですけど、めっちゃおもしろい奥さんで。みなみかわさんのことをちゃんと立てる奥さんではあるんですけど、あまりに売れへんから「私が売る！」って言って、やってるんですよ。

佐久間　なるほどね～。ということで、ここで森田くんとはお別れですが、今日の放送はいかがでしたか？

森田　8割方、ブクロの話ではありましたけど（笑）。

佐久間　そうなんだよ。俺と森田で話すと、毎回ブクロの話になっちゃうよね。

（※1）「しずる池田大好き芸人」（2022年3月3日放送）という企画が放送され、KAZMA（収録前日に池田一真から改名）を愛する芸人たちが集結し、何事においても逆を行ってしまうあまのじゃくなキャラクターなどが掘り下げられた。

珍事件編 厳選フリートーク

忙しくさせてもらっているわりには、事件というかエピソードに事欠かない人間だなと思います。この前もクリスマスにラフ×ラフのライブに行ったら、機材トラブルに巻き込まれて、インカムつけて2時間その対応に追われたんですよ。そんなプロデューサーいます？　秋元康さんとか指原莉乃さんはやらないでしょ。あれも本当にすごかったな……。(佐久間)

大腸カメラ

2022年7月13日放送

　この間、初めて大腸カメラを受けたんですよ。お尻からカメラ入れるやつね。もう40代半ばになってきたから、「胃カメラだけじゃなく、大腸カメラも受けたほうがいいのでは？」って言われてね。急に仕事が飛んだのもあって、せっかくだから行こうと思ったの。

　胃カメラってさ、前日の21時か22時ぐらいまでに食事を終えてください、それ以降は水だけ飲んでください、当日何も食べないでくださいとか、それぐらいじゃん。そのぐらいの気持ちで調べてなかった俺が悪いんだけど、大腸カメラ予約したら、数日前までに1回診療受けてください、って言われて、「面倒くさいな」と思いながら、早起きして予約の5日前ぐらいに行って。

　血液検査とかもろもろされたあと、渡されたのがマニュアルで、まず「3日前から食事制限」ってあったのね。きのことか海藻とかゴマとか、とにかく消化に悪いものは食べないでくださいと。どうやら腸を空っぽにしなきゃいけないの。パック渡されて、「前日はこの特別食だけ食べてください」と。「え？　ほか食べちゃダメなんですか？」「昼夜全部これ食べてください」って。

それで、でっかいパック渡されて、「前日の21時に下剤飲んでください」って言われて。当日は予約が14時とかだったんだけど、8時ぐらいに1個薬飲んだあと、「これを水で溶かすと2リットルの下剤になるんで、2時間かけて飲んでください」って言われて。「ウソでしょ!?」と思って（笑）。とにかく腸を空っぽにしないと、カメラ入れたら、いわゆる宿便があるからダメなんだって。「あ、そうなんだ！　軽い気持ちでいた〜。うわ〜、普通に仕事に影響あるぅ〜」と思って。ウハハハハ。でも、こういうときに受けないと、あとで何かあったときに後悔するから受けようと思って。

当日は、朝8時に起きて下剤2リットルを飲むんだけど、それをちょっとずつ飲んでは15分か20分後にトイレに行って、そうすると徐々に薄まっていく。最終的に水みたいな状態になったら、完全にきれいな状態。きれいなおじさんになったっていう（笑）、きれいなジャイアン（※1）的な感じがあってよかったんだけど、それで病院行って、あっさり麻酔で寝て、大腸カメラをやって、「重大な病気はありませんでした」みたいな感じで、よかった、よかったと。

で、全身麻酔で寝てたから、とにかく車の運転とかはしないでくださいっていうのと、長い人だと2～3時間ボーっとするかもしれないんで、繁華街とか行くときは気をつけてくださいとか言われて。

その病院が下町にあって、駅までも遠かったの。2日ぐらいろくに食べてないからさ、とにかくお腹が空いてて、カフェとかないかなと思って近くの喫茶店を探したら、本当に古びたレトロな喫茶店が見つかったのね。

ここどうだろうなと思ったんだけど、とにかく外は灼熱だから、とっとと入ろうと思って入ったわけ。そしたらガラガラで、おばあちゃんとおじいちゃんしかいない。おばあちゃんが接客やってて、おじいちゃんは奥で新聞読んでて、常連なのか亭主なのかわかんないけど、「おばあちゃんとしゃべってたから、お店の人だろうな」と思いながら座ったの。

何か食べようかなと思ったら、ゴリっとした定食しかない。一番軽いのが生姜焼き定食だったのよ。「流動食しか食べてない今の俺で、これいけるか？　ん～、ちょっと重いな」と思って見てたら、チョコバナナパフェがあったのね。これだ、2日間の絶食のご褒美にこれを食べようと思って。パフェだったらサラッといけるだろうと思って、アイスコーヒーとチョコパフェ頼んだの。

待ってたら、なんかボーっとしてる感じが薄れてきたんだよ。要は麻酔がなくなってきたんだけど、それと同時にお腹がすごい痛いわけ。「何これ、なんかお腹がすごいパンパンに痛いんだけど……」と思って。なんだろうと思ったら、麻酔が解けるとともにぼんやり思い出してきたんだけど、看護師さんに「空気入れながら撮るんで、終わったあと膨満感というか、お腹がパンパンに膨れて少し痛いかもしれません」って言われてたなと思って。寝てるからわかんないんだけど、お尻からカメラ入れるとき、同時に空気を入れつつ撮るらしいんだよ。お腹がパンパンで痛い、苦しいわけ。胃じゃないからゲップで出せないの。「うわ～、チョコパフェなんか食えないじゃーん。もうちょっと冷静になってから頼めばよかった～」と思ったら、おばあさんがチョコパフェを持ってきたの。仕方ないと思って、「ありがとうございます」って言おうとした瞬間ね、ブビーーーーッていう、はっきりした長いおならが出たの。

ソファーが古い喫茶店とかにあるパンパンの革張りの、管楽器みたい響くやつで、『BLUE GIANT』（※2）みたいに、ハハハハ、ブゥ～ワァ～ンっていうソロを奏でたの、おならでね。「あ、すいません！」って言ったら、おばあさんが「何が？」って言うから、聞こえてないんだと思ったんだけど、表情を見ると、明らかに聞こえてないふりしてくれてる感じ。

おばあちゃんが行ってから、もう放心状態で。

俺、人前でおならしたのっていつ以来だろうと思って。この10年ぐらい、してないかもしんない。まずさ、おじさんのおならって絶対ダメじゃん。スタッフの前とかではしないじゃん。家族の前でもしないのよ。娘が思春期を迎えてからは部屋でおならしてて、俺、娘が漫画借りに入ってきたときに止めたことあるからね。「いや、ちょっと今入れない！　ちょっといろいろやってるから！」「なんで？　入れてよ」って。エロビデオ観てると思われて。ハッハハハ！

「うわ～、最悪だ～」と思ってたんだけど、目の前のチョコパフェを見たらね、全然食べたくないわけ。胃を刺激したくないのよ。視線を感じてパッと見ると、さっきおならを聞かせてしまったおばあさんが、俺を遠くから見てる。どうやらチョコパフェを見てるの、俺が食べないから。溶けてくんだよね、チョコパフェ。俺、「おならしたあとチョコパフェ食べないおじさん」になってたの（笑）。

空調もそんな効いてない古い喫茶店で、ただ溶けていくチョコパフェを険しい顔で見てるから、おじいさんとおばあさんのほうにザワザワしてる空気があるのよ。でも、1回ドでかいおならしたあと、冷たいものを入れて胃を刺激するってどうなんだろうなと思ったんだけど、そのおばあさんの視線に負けてね、「これはもう食べるしかないな……」と思ったときに、第2波が来たの。

腸が動き始めて、またおならが出そうになったわけ。空気を入れてるだけだから、本当はおならじゃないのよ。「これは出る。ああ、これは我慢できない……」と思ったときに、「トイレ行きゃいいんじゃん！」ってハッと思って。麻酔のせいか冷静になれてないなと思いながら、立ち上がったの。その瞬間よ、ブヒーッてしっかりしたおならが出たの。そうなると、「立ち上がっておならをする人」なのよ（笑）。もしくは「おならの勢いで立ち上がった人」。ハッハハハ！

おばあさんもおじいさんも、明らかに俺を見てたのね。だって俺、立ち上がっておならしてるから。今思うと、そのままトイレに行けばよかったんだけど、ミッションが終わった感じがして、ショックでそのまま座ったのよ。

それからちょっと思ったんだけど、これだと「おならのためだけに立ち上がったおじさん」になる。アハハ！「うわ、最悪だな」って。そうなると、早めにチョコパフェを食べ切って外に出て、空気を全部出せばいいんだと思ったわけ。外は工事とかしてるから、その喧騒の勢いでおならを全部出せばいい。

そんなふうに考えてるうちに、カランコロンと鳴って近所の常連みたいなおじいさんがひとり入ってきて、いつも座ってるっぽい俺の前の席に座ったの。これはもう本格的にダメだと。このタイミングでおならしたら、前の席の人に迷惑がかかると思って、「もう行くしかない！」とチョコパフェを食べたのよ。

うまい。2日も食べてないから感覚が超鋭敏なってるのね、食道と胃を冷たいものが通り過ぎてくのがちゃんと感じられるわけ。「うわ、俺、生きてる～」と思いながら食べてたチョコパフェが胃にたどり着いたら、やっぱ胃がびっくりしてんだよ。「ちょっと待ってくださいよ。常温のものからにしてくださいよ～」って。アハハ。はたらく細胞（※3）たちが言ってる感じ。「ちょっと夏休み取ってたんすけど～、最初からこれですかぁ？　宣行さーん」みたいな。

そのとき思ったの、「これ危険じゃない？」って。よく考えたら、2日食べてないんだから、アイスが直出しってことは絶対ないじゃん。ないけど、そのぐらいの感覚だったんだよ、胃がカラカラだったからね。

ゆっくり食べればいいのか、でも出ちゃうかもしんないし、行くしかないと思ってチョコパフェを食べたの。そしたら、食べてる途中にブヒッて出て、「おならでリズムを刻みながらチョコパフェ食べるおじさん」になってるんだけど、それはもう止まらないから。「1回やめたら終わりだ。ちょっとブヒッて出ても小さい小さい、そんなのリズム刻んでるぐらいだ」と思いながら、冷たいチョコパフェを一気に食べて。ちょっとね、胃はびっくりしてる。おならしながらパフェ食う男、「笑いながら怒る人」(※4)みたいな。ハハハハ。こんなハッピーな食べ物を、なんで決死の思いで食ってんのかわかんないんだけど、食べ切ったの。「食べた！まだ大丈夫だ。トイレどこだ？」と思って、立ち上がってトイレ探したんだけど、ないのよ。「お手洗いってどこですか？」っておばあさんに聞いたら、カーテンで隠してる壁の奥にあったの。「わかりました」つって1～2歩行った瞬間、ちょうどさっき来たおじいさんの横を通り過ぎるぐらいで、「プヒー、ブヒーッて、ちょっとずつ音階が上がってく感じでおならが出たのよ（笑）。そうするとさ、「おじさんの横でおならしてるおじさん」。ウハハハハ。最低な状態なのよ。

もう俺にはコントロールできないから、これはもう行くしかないと思ってブヒーッて出しながら、それこそ「オナラの勢いで動いてる人」だよね（笑）、そのままトイレに入って便座に座ったの。そしたらあれだね、腸の中の空気は全部出切ったんだろうね。座ってから1回も出ないのよ（笑）。だから、ただ「もうあの席に戻りたくねえな」っていうだけで、5分ぐらいトイレで過ごして。ゆっくり扉を開けて、おじいさん、おばあさんたちも全員目を逸らす中、戻って。みんなさ、こういうときなんて謝ったらいいと思う？　ハハハハハ！　戻っても座らないで、そのまま背中でね、「ごちそうさまでした」つって。ウハハハハ。そのあと、どうやって家帰ったか覚えてないのよ。

（※1）『ドラえもん』で、投げ入れたものの代わりにもっといいものがもらえる「きこりの泉」というひみつ道具に、ジャイアンが落ちてしまった際に登場した「きれいなジャイアン」。きれいな顔立ちだが、どこか人間味のないビジュアルがファンの心をつかんでいる。

（※2）『BLUE GIANT』（小学館）は、石塚真一による漫画作品。世界一のジャズプレーヤーを目指すサックス奏者・宮本大らの演奏シーンは、「音が聞こえる」と評されるほどの迫力があり、世界的ピアニストの上原ひろみが音楽を担当したアニメ映画も大きな話題となった。

（※3）『はたらく細胞』（講談社）は、人の体内で働いている細胞を擬人化した、清水茜による漫画作品。

（※4）俳優の竹中直人が学生時代からやっていたネタ。笑顔のまま「ふざけんじゃねぇ、コノヤロー！」などと怒鳴る。

この日のプレイリスト
竹原ピストル「よー、そこの若いの」

この日のおすすめエンタメ
舞台『ハリー・ポッターと呪いの子』

横アリからの帰り道

2022年11月9日放送

横浜アリーナのイベント（※1）、本当にいいライブでした。アーティストのみなさんにごあいさつして、ニッポン放送関係者の人にもごあいさつして、「さあ、今日はみんなと打ち上げまでとは言わなくても、ここで乾杯とか、そういうのはあんのかな？」と思ってスタッフ探したら、めちゃくちゃバタバタしてたの。

よく考えたら、「明日、ナイナイさんじゃん（※2）」と思って。だから、出演者以外は誰も終わってないってことに気づいたの。みんな、明らかに「早く帰れ」っていう、ンフフ、要は俺の楽屋が、たぶんナイナイさんの楽屋なんだよね。俺は「いや、あれすごかったっすね～」とか、**もっと余韻トークしたかったんだけど、誰もいねーから。**ンハハハハ。そりゃあしょうがないんだよ。

「じゃあ帰るかぁ」と思って、タクシー呼んでもらおうとしてたところに福田が来て、「佐久間さん、このあとどうするんすか？」って。テレ東の人とか、大学の同級生とかが来てくれて、「飲んでるよ」ってＬＩＮＥはもらったんだけど、みんな新横浜だったのよ。そりゃそうだよね。

でも、これだけ疲れたあと、新横浜で飲んでから帰る自信もなかったし、何よりリスナーが飲んでるじゃん。さすがにどうかなと思ったから、「俺、帰るよ」つったの。そしたら、「佐久間さん、金田さんが相田さんとかと東京戻るらしいです、金田さんの車で。『そこ乗せてあげますよ』みたいなこと言ってますよ」って言われて。

それも悪くないなと思って、「じゃあ乗ってくわ！」つって。「帰りましょうよ」って福田が言うから、みんなで帰るのかなと思ったら、楽屋口出たところに金田がいて、相田がいて、金田のYouTubeの若いスタッフさんがいて、**福田いねぇの。**ンフフフ。たぶん、福田がこのメンバーで帰るのめんどくせえなと思って、さも金田が送ってくれるかのように俺に言ったんだよ（笑）。

俺は助手席に乗って、金田運転、金田のうしろに相田、俺のうしろにYouTubeのスタッフ、っていうのでスタートした。そしたら、金田が「佐久間さん、軽く打ち上げやりますか」って。「もう疲れたけどねー」「1杯ぐらいだったらいいじゃないすか」「まあ、1杯ぐらいいね、横アリであんなイベントやったわけだし」「大丈夫、送ってくんですから。Ａｕｄｉっすよ。30分で着きますよ、東京。30分後に乾杯してます」「そっか、30分後に乾杯できてんだったら、1杯ぐらい行きますか」って。

で、「僕の家の近くで降ろすんで、1杯やっててもらったら、合流するんで」って言うから、「金田の家どこ?」って聞いたら、俺ん家の真逆なのね。「え、なんでそこに行かなきゃいけないの?こんな疲れてんのに」「俺が飲めないじゃないすか。車置いてかなきゃいけないんで」「え!?金田飲まなきゃいいじゃん」「いや、それは絶対イヤなんで。俺の家の近くで降ろすんで、乾杯しててください。それだけは譲れないっす」っていう泥仕合みたいな話をしたんだよ。

それでも、車ビュンビュン飛ばしながら行ってたら楽しくなってきたし、まあまあいいかと思って。「いや、でもいいライブでしたねぇ」「ホントいいお客さんで、みんな盛り上がってね」「あんな1万人の前で歌うことないんでね、ありがたいっすよ」みたいな。俺もそうなるとスタッフと余韻トークできてないから、「だよね～! いいお客さんだったよね～」なんて言いながら、「これは今日、もしかしたらちょっと長くなっちゃうかもしんないな」ぐらいの感じで。相田もそのときは上機嫌で、「いや、そうっすよね。俺ね、出るかと思った場所、(声が)全然出なかったです」とかって言いながら、20分ぐらい乗ってたの。

それで、パッて上見たら「横浜」っていう標識が見えたんだよね。「まだ横浜なんだぁ……まだ横浜？　そんなことねえだろう」と思ってたら、金田が「あれ？　あれあれ？」って言うの。さもたいしたことなさそうな感じで、「あ、すいません、これ逆行ってるかもしんないすっね」って。ハハハハハ。逆って？

そしたら、うしろのYouTubeのスタッフが「そうっすよね？　金田さん、さっき道間違えましたよね。このまま行くと山下公園ですよ」つって。20分逆走して、山下公園のほうに向かってんのよ。「え!?　お前ナビとか入れてないの？」って言ったら、「いや、わかるじゃないすか」つったの。「いや。わかってねえじゃん」と思って。

金田ってさ、絶対にミスを認めたくないタイプの負けん気じゃん。だから「挽回しますんで」って言うの。「挽回!?　戻るだけじゃん」って（笑）。しかも高速に乗ってるから、挽回も何も途中で迂回とかできないんだけど。「挽回できないかなぁ〜。挽回無理かぁ〜」つってて（笑）。「なんだよ、『挽回』って」と思ってたら、どんどん進んで、海が見えてくるんだよ。アハハハハ！

「マジかよ！　お前、30分後には乾杯してるって言ったじゃねえか」と思ったら、YouTubeのスタッフが「金田さん、もう本当に俺の言うこと聞いてください。そのまま降りて、そこでUターンして、逆乗ってってください。それしかもうないんで」って。金田は「マジで？　挽回できない？」っってんの。「なんだよお前、そのカッコつけた言い方」と思いながら、みんなで「金田ってこういうヤツだな」とか言いながら、逆に乗ったんだよ。

で、金田が「佐久間さん、大丈夫っす。こっからまっすぐ行くだけなんで」って言うんだけど、いや、待てよと。お前は「30分後に乾杯してる」って言ったじゃん。20分＋20分だから、40分後に横アリ戻ってんだから。ハハハ。40分かけてただ戻ってきただけ。

金田もマズったとは思ってんだけど、それカッコ悪いと思うのかな。言うのよ、「横浜の夜景なんて見れないっすよね、このメンバーで。ライブ終わりに横浜の夜景見るって、なかなかっすよね〜」って。いや、横浜の夜景は見ようと思って見に行ったらあれだけど。あと、この4人で別に見たくねえし。

「最悪だな〜、金田交通」と思って。ウハハハハ。そしたら、金田が「横アリ、通過しました。こっから30分で打ち上げですから」つって。いや、そうすると70分なのよ。だったら普通に帰れたなと思ったら、金田が「でも！」って。そこから立て直して、「でも、いいライブでしたね」って始まったの（笑）。

「めんどくせえな、この運転手」と思ってたら、金田に「佐久間さんもあれじゃないすか。花道、気持ちよかったんじゃないすか?」って言われたの。そのときは俺、裏実況で悪口言われてる(※3)の知らなかったし、やっぱまだ(ライブ終わりで)ホカホカなのが残ってたから甘いよね。「いや俺、人生でこんなことあるなんて思わなかったよ〜」つって。ハハハハハ。ノってきちゃって。

それで、金田が「そうっすよね。俺もね、佐久間さんが(1万人のお客さんに『サイコーです!』と)言った瞬間、カッコいいなっていうか、やってんなと思いましたよ」って言ったら、相田が「まあそうっすね、人生、そんなことないっすよね」って、4人でワーッと盛り上がったの。

また盛り上がって、「これはいい打ち上げになるぞ」と思ってたら、金田が「あれ、これ行けねーな?」つって。「もうこれ無理じゃない?」つったら、うしろのYouTubeスタッフも「金田さん、これ無理ですね。今追い越し車線行かないと無理です。環状線入れませんよ!入れます?」って。そのまま「いや無理だな、これ行っちゃうな!あー、行っちゃったぁ」つって、レインボーブリッジ方面に乗ったんだよ、あいつ(笑)。

「マジかよ!お前、2回目だぞ」つって。あいつ、俺たちとのトークで盛り上がって、20分間違えて、20分戻って、30分かけて東京方面行って、本日2回目のミスをして、気づいたらレインボーブリッジを渡ってて、2回目の海。ウハハハハ！　金田の家の真逆。フジテレビが見え始めてんだよ。

「うわ、最悪だよ、マジかよ、海じゃん……」と思ったら、金田が「いやでも、あれっすね。この4人でダイバーシティ（※4）の夜景見れることなんてないっすね」って。「お前、マジでナメんなよ！」と思って、「もうここで降ろせ。俺と相田、ここで飲んで帰るから」つったら、「いや、それは無理っす。俺も乾杯したいんで」って。「マジで、これはもうお前が悪いじゃん」つったら、「いや、絶対ダメです」って。

そしたら、今まで黙ってた相田がね、「最悪だよ……なんだよこれ、乗るんじゃなかった」ってマジギレちゃって（笑）。金田は金田で、相田は同期じゃん。だから、相田の前でカッコ悪いとこ見せたくない金田がいるわけ。「いやでも、これもいい思い出だよね」って、一回も謝らない。「きれいじゃないすか。2回目の海ですよ」って。ハハハ。相田は「マジ最悪です。佐久間さん、もう降りましょうよ。ここで乾杯して帰りましょう。もういいっすよ、なんで4人で2回海見なきゃいけないんですか」って。

で、金田は絶対俺たちを降ろさないわけ。「戻ります。レインボーブリッジ、もう1回渡ります。いや、こっち側のレインボーもあんまり見たことないじゃないですか？」って言い始めて、相田が「お前、もうしゃべんな」つって。ハハハハハ。1時間半前、最高のライブをやった4人が、最悪の空気でレインボーブリッジを渡って、環状線をずーっと行って。横アリ出て10分で道間違えて山下公園まで20分、戻ってきて20分、これで50分で、そっから東京に20分で、道間違えて20分でお台場、さらに20〜30分かけて金田の家のほうまで行って、結局、1時間半以上かかって金田の家の近くで降りたのよ。

降りるときにもいろいろあったの。金田が店を取ってなくて、相田が「なんで俺が取んなきゃいけねーんだよっ」ってブチキレながら、行きつけの店を取ってくれる、みたいな事件があって。金田が「すぐ戻ってきますんで、飲み過ぎないでくださいよ」って言うから、「いや、マジでなんなんだ、あの金田交通」と思ってたの。そしたら、金田と一心同体でいるはずのYouTubeのスタッフも俺たちと一緒に店に向かってたから、「あれ、金田といなくていいの?」って聞いたら、「ちょっと今、いっしょにいたくないんです」って(笑)。

で、相田が取ってくれた店に向かってたら、駅から降りてきた女性がね、俺たちを見て信じられないぐらい驚いて、「私、さっきライブ行ってたんですよ。ちょっと打ち上げして戻ってきたら、なんでここにいるんですか!?」つって。俺たちさ、新横で打ち上げやった人たちよりも遅く東京に着いてんだぜ。

「マジかよ……新横で飲めばよかったじゃん」と思いながら、相田と「ラジオ聴いてください。とにかくこれだけは言えます。金田が最悪なんですよ」って言って（笑）。そのあと、軽く飲んですぐ解散したんだけど、もちろん俺が会計したから、「金田交通、高えな」と思って。

（※1）２０２２年10月29日に開催された番組イベント「オールナイトニッポン55周年記念 佐久間宣行のオールナイトニッポン0 presents ドリームエンターテインメントライブ ｉｎ 横浜アリーナ」。通称「ドリエン」。花澤香菜、RHYMESTER、サンボマスター、黒沢かずこ（森三中）、金田哲（はんにゃ.）、しゅーじまん（三四郎・相田周二）が出演した。

（※2）２０２２年10月30日には、「オールナイトニッポン55周年記念 ナインティナインのオールナイトニッポン歌謡祭 in 横浜アリーナ！」が開催された。

（※3）ライブで佐久間がステージに出ている間、裏実況を担当していた金田と相田は、チュロ上げゲーム（旗上げゲームのチュロス版）でピクピク反応してしまう佐久間を「ピクじい」呼ばわりするなどしていた。

（※4）お台場にあるショッピングモール「ダイバーシティ東京 プラザ」。

この日のプレイリスト　ハナレグミ「プカプカ」

この日のおすすめエンタメ　映画『窓辺にて』

メモの切れ端

2022年12月7日放送

ウソつき

先週、対面の打ち合わせがあったんですよ。もうフリーだし、テレビ局が関係する仕事じゃなかったから、打ち合わせする場所がなくて、貸し会議室を予約したのね。でも、17時に予約してて前の仕事が15時過ぎぐらいに終わっちゃったから、1時間ぐらい時間を潰さなきゃいけなくて、近くのカフェに入ったの。

そのカフェがこぢんまりしたとこで、電源があるテーブルは、真ん中に仕切りがあってみんな横1列に並んで座って、その向かい側にもみんな座る、みたいな感じになってるんだよね。なのに、仕切りの下が4〜5センチ開いてんのよ。強い半透明であっち側の人もぼんやりしか見えないのに、下がけっこうな開き具合。だから、向こうの手元が見えるっていう。まあそういうのもあるかと思いながら、スマホでメールとＬＩＮＥに返信してたんですよ。

向かいにいるのはたぶん男性で、俺よりは若い男性だなっていうぐらいまではわかる。でも、その仕切りの隙間から見えるトレイがちょっとヘンで、こんもり紙が載ってる。山みたいのが見えるの。「え、何?」と思って。ちょっと気になって見たら、細かくビリビリに破かれた紙なのね。「手紙? 便箋?」みたいな感じで、その切れ端みたいのが見えてたんだよね、けっこうたくさん。

「うわ、怖っ!」って思ったら、文章が見えて、「ウソつき」「許さない」ってあったの。「ウソつき」「許さない」って書いてあるビリビリの紙って……「うわっ!」って動揺しちゃって。ちょっとその言葉が強すぎるから、見なきゃよかったと思って、誰も気づいてないのに「俺は見てませんよ」ってノートパソコン開いて、作業してるフリしながら冷静を保とうとしたの。

けっこうパンチを受けちゃったから、次の仕事の準備しようと思ったんだけどさ、頭から離れないわけ、「ウソつき」と「許さない」が。ビリビリの便箋か手紙、「ウソつき」と「許さない」……浮気? 裏切られたってこと? どういうこと? 気になる、もう1回だけ確認するか。ほかの文字が見えるかもしれないと思ったんだけど、俺、動揺を鎮めるためにノートパソコンを開いちゃったのね。その穴、自分でふさいでるのよ、ノートパソコンで。スマホだけだったら、そのまま目をやれば見えたのに。「う～わ～! バカじゃん」って思ったんだけど、ノートパソコンのモニターを閉じれば、隙間はまだ見えるわけ。でも、それはもう「見る」ってことだから。アハハハハ！　でもねー、やっぱり「ウソつき」と「許さない」からの続きが見たいと思って。「ダメじゃん」と心の中で俺が言うわけ。それはもう覗き見じゃん。モニターを下げて見るのは覗き見、これはやっちゃダメ。

でもね、そう思った俺の心に、もう一方の佐久間が「いや待てよ」と。「そんな見えるとこにビリビリに破いてんのが悪いんじゃん。隙間があんだから」って。「モニター閉じたって、偶然見えるだけよ。そんなの関係ないですよ、閉じちゃえ閉じちゃえ」って、天使の佐久間と悪魔の佐久間が葛藤してんのよ。

天使のほうの佐久間が、「絶対ダメだよ。破ってるってことは、もう葬りたい過去なんだよ。それを見るのは、大事なものに触るってことだよ」と。そうだよな。モニターを持った手を戻す。「関係ねーよ！　別に盗んだりするわけじゃねーし。ただ目線上げたら見えちゃうんだけど、それが罪ですか？」って悪魔の佐久間が言ってる。モニターを徐々に下げる。

「どうしよう」って悩んでるときに、パッて左見たら、左はたぶん感染対策の透明なアクリルだから、隣にいるおじさんが見えるわけ。俺と同い年ぐらいのサラリーマンが、紙を凝視

してんだよね。 ハッハハハハ。なんだったら、ちょっと顔を上げながら見てるわけ。俺が葛藤してる中、隣のサラリーマンはその紙を熟読してんの。俺が来る前に座ってたから、たぶんその人はビリビリに破くところから見てるの。ウハハハハ。**連載開始当初から追っかけてる読者なんだよ。**

でも、ちょっと待てよと。俺は見るか見ないか悩んでんのと、あと、俺の正面だからね。「あんた、俺が読んでるジャンプを横目で見てるサラリーマンと、やってることいっしょだからな！」と思いながら、ンフフ、自重しろよ、なんでお前見てんだよと。

そうなると、俺も悪魔の佐久間が勝ってくる。左に悪魔の佐久間を具現化したヤツがいるからさ。そいつが「見ちゃえよ、俺は見てるぜ」って言ってる。これは見るしかねえな、パソコンを下げようかなと思ったときに、パソコンの下にちょっと出てる感じで、あっちの切れ端が1枚来てたのよ。

たぶん、破ったときに飛んだんだろうね。2センチぐらいの切れ端が俺んとこに来てたのよ。**ビブルカード（※1）です。** フハハハハ。『ワンピース』でいうところの、行き先を示してくれるビブルカードが来てたわけですよ。これはいいじゃん、だって俺んとこに飛ばして来てんだから。これを見る権利はもう誰にも止められない。「あっちを見るのは覗き見だけど、俺のとこに来たビブルカードを見るのはいいじゃん」と思って見たのよ、切れ端をね。

ちらって見たら、そこに「後悔ばっか」って書いてあったの。ンフフフ。「なんだ!? 何があったんだよ！」って気持ちと、あと「ウソつき」「許さない」「後悔ばっか」はどっち？「お前がウソついたの？」ってなるじゃん。

そのひとことで逆転したの。よく考えたら、普通は手紙って謝るほうが送るよね。怒ってるほうが送ったりしないじゃん。「ってことは、お前か、ウソつきは？」って（笑）。後悔ばっかです、ウソついてしまいました、もう許さないでしょうけど、っていうことなのかなと思ってたら、左の連載ずっと追っかけてるヤツが、俺のビブルカード見て「うわっ！」って顔してんの。「マジか！」と思って。お前、連載当初から見てるかわかんないけど、これは俺が先生からいただいた原稿なんだよ。アハハハハ！

「俺が先生からネームいただいてるのに、ダメですよ」って思ったから、左手でガードして、「他社さんに見せられませんよ」って。「藤本タツキ先生（※2）のネームは渡せませんよ」って感じで、ンハハ、左手で隠して。

そうなると、さらに続きを見るか悩んだんだけど、「この3ワードいただいただけでね……」と思ってたら、目の前の男性が立ち上がったの。「うわっ！ 連載終了だ！ ちょっと待って！」と思ったら、けっこうなイケメンというか、20代後半から30代前半ぐらいの若い男性だったんだよ。

心の中で悪魔の佐久間が「お前がウソついて？　浮気で？」って思ったんだけど、こんもりある紙を見たら、「手紙じゃねえな、これノートだな」って。厚いのよ。手紙の薄さじゃなくて、けっこう厚めなの。そのとき、その彼と待ち合わせしてた人が来たのね。その人が迎えに来たから、彼が立ち上がって出てくんだけど、そのときに「できた？」って聞こえたの。

そしたら、その彼が「いやできない、スランプ」って言ったのよ。「できた？」「できない」「スランプ」、スラッとしたルックス……わかりました、ミュージシャンです。ハハハ！（相手は）たぶんバンドメンバーですと。よく考えたら、手紙を破くわけないじゃん、喫茶店で。だから、さんざん書いてた歌詞のワードを……クリエイターだったんだなと思ったのよ。

俺はもう謎が解けたわけ。作詞メモだったんだ、「ウソつき」「許さない」「後悔」、そういう歌詞をつくってたんだと思ったときに、もう俺の中では完全に加藤ミリヤの作詞家になってる。ハハハハハハ。でも、隣のおっさんは、その文字をまだ見ようとしてるの。「できた？」「できない」が聞こえてないから。

「何、何？」って顔してるから、「あんたはわかってない。俺はもう先生から最終回いただいてますけど?」って。アハハハハ。「ワンピースの謎、こっち解けてます」って思いながら、「そっかそっか、作詞か〜」ってほっとして。隣のおじさんに言うのもおかしいし、俺も時間が来たから行こうかなと思ったときに、俺の手元にさ、ビブルカードが1枚あったわけ。「これも捨ててあげないとかわいそうだな」と思って持ったら、ノートだから裏にも何か書いてあんの。「後悔」「ウソつき」「許さない」……俺、当てようみたいな気持ちになって。パッと開いたら、「イリュージョン」って書いてあったの。ハッハハハハ！「どんな曲ぅ〜!?」って思って（笑）。たぶん来年、加藤ミリヤの「あなた、私を手品みたいだましたわね」って感じの曲が出ます。ウハハハハ！

（※1）漫画『ONE PIECE』に登場する道具で、別名「命の紙」。爪の切れ端を混ぜてつくられ、爪の持ち主のいる方角と生命力を啓示する特殊な紙。
（※2）『チェンソーマン』（集英社）などを手がける人気漫画家。

この日のプレイリスト　SMAP「Joy!!」
この日のおすすめエンタメ　漫画『サンダー3』（池田祐輝）

身動き取れないカフェ

2023年2月8日放送

先週、リモート打ち合わせを家でやったあと、対面の打ち合わせで、よく会うスタッフの制作会社に行かなきゃいけなくて。リモートと対面の打ち合わせの間が、3時間ぐらいある。普通だったら家出るまでの時間に原稿を書いたり台本直したり、作業をするわけですよ。だからデスクに向かったんだけど、全く集中できない。

これはいかん、家じゃ全然進まないなと思ったから、ちょっと早めに制作会社のある町まで行って、近くのカフェで作業すればいいだろうと。ということで、2時間ぐらい前にシャワー浴びてから家を出て、その制作会社の近くのカフェを探したんだけど、電源があるのがわかってるチェーン店は全部埋まってたの。そうするとその町にしかない固有のカフェに行くんだけど、そういうとこってだいたい電源ないんだよな。パソコン確認してみたら、8割ぐらい充電されてて2時間は持つから、まあいいやと思って、町の固有のカフェに入ったの。

そのカフェはふたつフロアがあって、路面に面した大きいフロアは8～9割埋まってて、奥のフロアに案内していただいて。「お好きな席にお座りください」って言われたのね。5～6人掛けのソファー席がふたつあって、そこはもう座ってます。で、4人席がふたつ、窓際に2人席がふたつ。当然俺はひとりだから、2人席に座って「ブレンドください」って言ったんだけど、座ってみてわかったのが、めちゃくちゃ席がちっちゃいのよ。

無理やり2人席つくったなっていうとこあるじゃん。イスもちっちゃくて、テーブルもお水置いたらパソコン開くのギリギリみたいな。これコーヒー来たらもう無理、膝にパソコン置いて作業するしかねえっていうようなとこ。ちょっとチョイス間違えたなと思って。コーヒーも来ちゃったら、案の定パソコン開ける広さじゃないわけよ。

それでもうパソコン片付けようと思ったら、案内してくださった店員さんが「狭くないですか？　こちらへどうぞ」って、4人席を指さしてくれたのね。「いいんですか？」つったら、「もちろん。空いてるんで」っておっしゃってくれたんで、4人席に行って。よく見たらソファー席には5人で座ってて、もう1個の4人席にはふたりが座ってたのよ。俺の席は4人席だけど俺がひとりで座る。要は、イスとかちっちゃいから、4人席にふたりで座ってもそこまで不自然じゃないみたいな。だから俺も、ちょうどいいやと思って作業してたの。で、ふと「俺、ダウン着たままじゃん」って気づいて。さっきの席だとダウン置けるような場所もなかったし、この店がちょっと暖房効いてなくて寒いから気づかなかったんだよ。それで、ダウンを脱ごうとジッパー少し下げたくらいで気づいたのよ、「あれ？　俺、上着着てないじゃん」って。ダウンに直インナーだったの。わかるね、みなさん？　サラリーマンがシャツの下に着るような薄いインナーに直でダウン着てたんだよ。アッハッハッハ。なんでこんなこと起きたんだと思ったのよ。たぶん、家でシャワー浴びたあとは暑いから、インナーのまま髪の毛を乾かしてたら、意外に時間経ったかなと慌てて、ダウン着て出たっぽいのね。ってことは、ダウン脱いだら、ちょい乳首浮いてるおじさんが誕生しちゃう。

ハリー・スタイルズとかプリンスとか、グラミー賞アーティストだったらいいけど、佐久間が喫茶店でインナーおじさんになったらヤバいじゃない。これはダメだなと思って、いったん家に帰ろうかなと思ったんだけど、そうすると往復1時間かかっちゃうからすげえムダになっちゃう。あと、もうひとつ思ったのが、このあと打ち合わせする制作会社のスタッフは、それを笑って聞いてくれるような仲のいいスタッフだから、別にこのまま出ても

「何やってんすか！（笑）」で済む。だからまぁいいやって。この店も寒いから、ダウン着たままで作業してても別に誰も気にしないだろうと思って続けたの。

こういうマイナス要素があるときは、せめて作業くらいは完成させたいから、「これで仕事しなかったら意味がない、クソ！」って思いながら作業してたの。30分ぐらい集中して仕事して、ふと顔を上げたのね。そしたら、店内がちょっと混んできたなと思ったの。パッと見渡すと、ふたつのソファー席には5人グループが2組いたの。もうひとつの4人席にはカップルがいた。俺の前の狭い2人席には、いつのまにか老夫婦がいたのよ。で、4人席に俺がひとりでいる。わかる？ **これ、俺イヤなヤツじゃない？** 作業してて気づかなかったとはいえさ。店入ったときに、でっかい図体のやつが4人席でひとり作業してて、老夫婦がふたりで狭い2人席にいたらイヤじゃん。うわぁ、だっせえ！ しかもダウン着てるし！ ハハハハ。

ここで空いてる席に移るのもおかしいから、そうすると老夫婦に席を譲ったほうがいい。でも、俺から言うのもヘンだなと思って、店員さんに「僕、2人席に移ったほうがよくないですか？」って言おうと思ったんだけど、なぜか俺の席にだけ呼び鈴がないの。店員さんが来たタイミングで伝えようと思って、ダウン着ながら作業続けて。そしたら店員さんが来たから「あの！」って言ったんだけど、ちょうどそのタイミングで「こちらどうぞ〜」って今度は俺の目の前の狭い2人席に若いカップル案内したのよ。結果、そのフロアが満席になったのね。「マネジメント下手くそかよ、この店！」と思って。俺をどかせっていう。順番に入れてったらそうなったのはわかるんだけど、でもぱっと見、俺がすげえイヤなヤツじゃん。もうこの状況で作業なんてできないし。俺、ダウン着てるし。フフフフ。

こうなってくると難しいのが、どっちに席を譲るか。見てたら、カップルの男子がリュックを床に直置きしたのよ。イスにかけると、うしろの老夫婦にぶつかるくらい近いから。高そうなリュック。俺の席が空いてるのに。アハハハハ。俺の席はカバン1個置いてるだけで、あと2席空いてんの。だって俺、ダウン着たままだから。「うわー、気まずっ！」って。でも、「俺の席にリュック置いてください」って言い出すくらいなら席譲れよって話になるから、それも言いにくいな、って思いながら作業してたの。そしたらフロアが暑くなってきたんだよ。たぶん誰かのクレームを受けて、節電で切ってた暖房を入れたんだよね。

「暖房入れろって言ったの誰だよ……寒いままでいろよ、俺すげえ汗かいてきたんだけど」とか思って。感じるのよ、ダウンの下のインナーがびしょびしょになっていくのを。フフ。そうなると、なおのこと脱げないわけ。濡れたら完全に体が透けちゃう服だから。

どうしようかな、店員さん呼んで「暖房下げてください」って言おうかな……。アッハッハッハ。ムリだろ、それ！　4人席ひとりで占領してるダウンでか男が「暑いんで暖房の温度下げてください」って言ったら、もうクレイジーなクレーマー客だから。それはもう本物のヤバいヤツだから。それもムリムリムリムリムリと思って。

もう作業にも集中できないし、かといって脱いだら**4人席でひとりでぬけぬけと座ってるびしょびしょ肌着おじさん**だから、それは通報されちゃう。打ち合わせまで1時間以上あるけど店出ようかなって一瞬思ったんだけど、いや待てよと。この寒空の下、1時間以上も制作会社の周りをウロウロすんのもヤだなと思ったときに、4人席のふたりが立ち上がったのよ。カバンを持ってるから明らかにお会計なわけ。これはもうこの波に乗るしかない。ここで俺が譲れば、2人席の2組が4人席に移れる。それで俺が2人席に行く。それでOKなはず。

ここで店員さんを呼びたいんだけど鈴がない。かといって呼びに行くと俺も会計する人みたいに見えちゃう。で、よく考えたら、会計が済んだあとに店員さんがテーブルを片付けに来るだろうから、「僕、あの席に移ります。あの2組をこちらにやってください」って言えばいい、これで完璧、と思いながら待ってたの。その間も汗はどんどん出てくる。あと、店員さんを見逃さないようにずっと待ってるから作業もできないのよ。ダウン着て汗かいたまま店員をにらみつけてるおじさん。移動したって暑さは変わらないんだけどね。ガハハ。

それでも待ち続けてたら店員さんが来て。でも、今度はひとり客を案内してんの。「どうすんだ？」って見てたら、ひとり客をだよ？　まだ片付けてない4人席に座らして「ただいま片付けま～す」って言ったのよ。「マジかよ、お前……それは間違ってる！」と思ったけど、「でもどうなんだ？　間違ってるとも言いづらいな」って。だって、俺が店員さんの立場だったら、全員を移動させるのも面倒くさいなって思ったのよ。

マジか、これどうすんだよと思って。でも、今来たひとり客が4人席に座ったんなら、もうこれはそういう店だからいいじゃん！　責任が分散されました！　もう俺は関係ないですすって思って作業しようとしたら、その若い女性が「すみません、ビーフシチューとサラダとアイスコーヒー。あと、ケーキセット」って頼んだんだよ。もう夕方だったから、夕食だったんだよ。すぐメニュー表見たよ。5500円ぐらい頼んでんだよ。「うーわ、こいつは4人席の権利あるわ」と思った。フハハハハ。だって、その量だと2人席には絶対置けない。これはもうひとりと言えど、4人席の権利があんのね。俺はコーヒー1杯で1時間粘って作業してるダウンおじさんだから。ウッハハハハ。これはもう責任は分散してない。俺が悪い。いや、店の人も周りの人もそう思ってはいないんだけど、俺の中では客単価的にもうダメよ。

だからその店員さんが戻るときに、なんか頼もうと思って呼んだんだけど、俺、打ち合わせのあとに会食入ってたの思い出して。お腹いっぱいになっちゃマズいなと思って、パッとメニュー開いたら、生ビールがあったから、「ちょっとあちぃーし！」と思って、アハハハハ、「生ビールとソーセージください」つって。「このタイミングで？」って顔されたけど、生ビール来たのよ。そしたら暑いからうまいね、ウハハハハ。

結局、生ビール飲んで、ソーセージ食べて、汗だくのまま作業も特にせず、制作会社行って、ほろ酔いで会議やって。ガハハハハ。ほろ酔いだからあとで議事録見たら、なんでこんな企画決めたんだ……っていう内容になってて、会議やり直すっていう。ハハハハ。いや、だからね、初めに移ればよかったんですよね。

この日のプレイリスト　クラムボン「Rough & Laugh」

この日のおすすめエンタメ　漫画『うみべのストーブ 大白小蟹短編集』（大白小蟹）

パンツが落ちてくる

2023年3月1日放送

気づいてたけど、対処してないことってあるじゃないですか。僕、よくあるんですけど。たとえばシャンプーね。もうすぐなくなるなあと思ってんだけど、すぐ買わない。結局なくなって気づいて、お湯で薄めたりして何回も使う。

俺の身によく起きるのが服なのね。靴下が片方しかなくてタンスから同じやつ探して合わせていくんだけど、全部使い切っちゃったあとにタンスの奥を探ると、違うタイプの靴下が1足ずつしか出てこない。で、柄は違うけど色が似てるからいっかと思って履いていくことがあるんだけど、それが最近また起きたのよ。今回はトランクスなんですけど。

パンツって定期的にネットでまとめて買っちゃうのよ。それをタンスの中にぶち込むときに、古いよれたやつと適当に入れ替えてんだけど、目についたところから捨ててるから、定期的なチェックを何回もくぐり抜けていく古参が現れるのよ。古参は基本的にはタンスの奥に眠ってんだけど、フレッシュなやつらの洗濯が終わってないときに、たま〜に現れて、「あれ？　お前まだいたんだ？」みたいな。アハハハハ。

風呂入るタイミングでゴミ箱に捨てれば戻ってこないんだけど、だいたいパンツがよれてることを忘れて洗濯機入れちゃうんだよ。そうすると、またタンスに戻ってくるの。「これは1軍じゃなかったけど、洗っちゃったからな」と思って、すぐに出てこないように奥に突っ込むわけ。何か活躍するときもあるっていう温情采配でね。そうすると、また数か月は会わない。雨の日が続いたりとかして、パンツねえなって思ったら出てきて、「え!?　お前まだいたの?」みたいな。「佐久間さん、また会いましたね」みたいな感じで古参が現れるの。

俺、先々週から先週にかけてめちゃくちゃ忙しかったの。先週の金曜は帰宅したのが深夜で、翌朝も8時から外ロケで早かったのよ。そういうときは寝る前の風呂をやめて、とにかく睡眠時間を確保するために寝ちゃう。それで翌朝シャワーを浴びるんだけど、その日もそうしたんですよ。

タクシーでYouTubeの収録に向かってて、現場着く直前で気づいたのよ、「うわ〜、俺、あのパンツ履いてるわ」って。俺の記憶によると、もう1年ぶりぐらいなのよ。1年間眠ってた古参に出合ったわけ。明らかにゴムが緩い。タクシーの中で見たら、ダンジョンの最深部に眠っ

てた強いタイプの古参のボスみたいなデロデロのやつが現れて。「ちょっと気をつけないとなあ」と思いながら、収録が始まって。収録中は基本座ってるんだけど、おもしろくなると立ち上がって手叩いて笑ってて。**その瞬間に、パンツがスポンと落ちたの。**

もちろんズボンは脱げてないよ、ズボンの中でトランクスだけ落ちたの。で、カーゴパンツの股のところにトランクスが引っかかって、ノーパンでズボンだけ履いてる状態になったの。「えっ⁉ ウソだろ……そこまで緩くないはず」と思いながらも収録は続いてる。しかもそのとき撮ってたのが、チュートリアルさんとのトークでさ。ふたりの前でパンツを上げたりするのもおかしいから、ノーパンのままでチュートリアルとトークして、なんとか無事終えて。

気づいたんだけど、俺、この半年ぐらいでちょっと痩せたんだよね。特に何か理由があるわけじゃなくて、健康診断の結果とか考えて、7～8キロ痩せたのよ。そしたら痩せたことで、**激ゆるの古参が即落ちる状態になってたの。**それでパンツを思いっきり上げて、ズボンといっしょにベルトで締めて次の収録に臨んだんだけど、そこでもまた盛り上がって「何言ってんですか！」って立ち上がってツッコんだ瞬間に、またスポーンと落ちたの。ノーパンになった。

その引っかかってる状態が一番イヤなんだよ。引っかかったパンツがもも辺りにあるのが気持ち悪い。だから次の収録に移る前にトイレ行って、パンツを脱いで捨てたの。捨てないからいけないんだと思って。ローテーションの谷間のやつを「せっかく洗ったんだから」とか「最後にもう1回履こう」って温情采配してたけど、本当は引退させなきゃいけない。だからもうここで捨てたわけ。そしたらそいつは「ここでですか!? YouTubeのスタジオのトイレにですか?」みたいな顔してたけど、「お前はここで戦力外です」って。アッハッハッハ。

新しいパンツは収録終わったあとにコンビニで買おうと思って、ノーパンで収録したのよ。そうなったら、やっぱり気持ちが違うよ。さっきまではパワーアンクルをつけてる状態みたいだったのに、それが開放されてるから。あと、おじさんになってノーパンってあんまりないから、俺の気持ちも高ぶってる。ハッハッハ。誰も気づいてなくて、「俺、今ノーパンなんだけど」っていう状態ってそんなないから。それで、けっこう収録が盛り上がったんだけど、そのぶんちょっと収録が押して30分オーバーしたのね。で、その次の予定が「FROLIC A HOLIC（※1）」の稽古だった。

その稽古場が収録先からタクシーに乗っても30分ぐらいの場所だったの。このままじゃ遅刻しちゃうから、タクシー呼んで乗ったわけよ、ノーパンでね。最初は途中のコンビニで買おうかなと思ってたんだけど、結局買わなかったんだよ。っていうのも、「FROLIC A HOLIC」の稽古って、東京03とCreepy Nutsという忙しい人たちが、俺のYouTubeの収録に合わせて時間つくってくれてるから、遅刻は絶対に許されないと。それと、その週は忙しかったし、この日も朝からロケだったから、結局タクシーで寝ちゃったの。

起きたら、もう稽古場近く。「もういいや、ノーパンで稽古だ」と思って。さっきの収録も開放感もあって盛り上がったし、別にノーパンだってバレるわけじゃないから。それで、地下の稽古場に歩いて行ったの。そしたら、階段のところに今日のスケジュールが書いてあって。普段だったら別に見ないんだけど、時間遅れてないか気になってふと見たら、「佐久間様：稽古の前にフィッティング」って書いてあったの。

フィッティングっていうのは、スタイリストさんとか演出のオークラさんとかいろんな人に囲まれながら、いろいろ着替えてどの衣装が合うか見るのよ。まずいじゃん、俺、ノーパンだからさ。フッハッハハハ。

47歳のおじさんがフィッティングで急にポコチン出してくるとは誰も思わないでしょう。「うわっ、まずっ！」と思って。みんなに会う前にケータイでコンビニ調べたんだけど、稽古場からちょっと離れてんのよ。でも、行くしかないよ。

そしたら、やっぱ外は寒いのよ。ノーパンだからスースーするわけ。コンビニ着いてトランクス探したんだけど、そこのコンビニがフリーサイズかＭしかないのよ。ＬとかＸＬは売ってない。

仕方なくMサイズ買って、スースーしながら走って戻って。

トイレに行こうとしたら、すぐ制作スタッフに見つかったの。「まだ俺の出番じゃないですよね?」って確認したら、「佐久間さん、申し訳ないんですけど、その前に今ちょうどR-指定とGENTLE FOREST JAZZ BANDが音楽ブロックやってるんで、観てもらえますか」って言われたの。要は、俺のブロックにつながるところだよね。今日はちょっと前が押してるから観れると。それは観たほうがいいに決まってんじゃん。

本当はそのままトイレ行ってパンツ履き替えたかったんだけど、制作の方が言うことが正しいから観たのよ。けっこうカッコいいのよ。でも、俺はそわそわしてて。そしたら「佐久間さん、そのままフィッティング行きまーす」と言われて。「すみません、ちょっとお手洗い行ってもいいですか」って言ったら、その制作の方が「お荷物こちらに置いてください」って気遣ってくれたの。でも、荷物置くとパンツ履けないじゃん。だから「大丈夫です、このまま行きます」って言ったんだけど、「いやいや、トイレ狭いんで。ここに置いてください」「いや、大丈夫です!このまま行きます」って押し問答。最初、ダウンだけ置いたの。制作の方からすれば意味わかんないじゃん。俺は「パンツ履くんで」とは言いたくないし、ノーパンだと思われたくない。制作さんの顔見ると、「うわぁ……」って顔してるように感じたんだけど、要は、はたから見ると、俺がその人を信用してないみたいじゃん。楽屋泥棒だと疑ってるみたいな感じのやり取りに見える。

本当は「パンツ履きたいだけなんですよ」って言えばよかったんだけど、言い方がわかんなかったんです。「私はいろんなことがあって今ノーパンなので、トイレでパンツを履いてくるんです」って意味わかんないから（笑）。だから結局ダウンも持ってね、自分の荷物は持っておきたい人ってことになる。

そしたら制作さんがおっしゃったとおり、トイレが案の定めちゃくちゃ狭いのよ。フックもなくて、カバンをかける場所がないのよ。だからまずダウンをトイレのタンクに乗っけて持ちながらパンツを取り出す。床には置きたくないじゃん。そのままトランクスの包装を破って着替えようとしたら、やっぱそういうときって天罰なのかもしれないんですけど、ちゃんと手が滑る。

新しいトランクスが便座の中の水にちゃんと落ちて。フハハハ。「ちゃんと」って言っても、「ぱさ……」とか「びしゃ……」ってぐらい。縁に引っかかって落ちるパターンね。実はこれが一番イヤじゃないですか。全部が水に落ちれば、まだその水はタンクで入れ替わってるから。「ぱさ」の部分は、ちょっとオシッコがかかってる可能性がある。そこに半分べろってなって、水のところにも引っかかる。想定しうる最悪のパターンね。

これ悩んだよね、やっぱ「履きくねえな……」と思うじゃん。でも履かないとフィッティングでアキラ100%やることになるから。アッハハハハ。急に衣装でポコチン隠すことになるから。もうどうしようもないから、意を決して水道で洗って一回びしょびしょにするわけ。ちゃんと絞って履くのよ。そしたらMだからピッタピタになるわけ。濡れてピッタピタで超気持ち悪い状態で戻る。

ここで俺が祈ってるのは、「この濡れたパンツの水でカーゴパンツまで濡れないように」ってことで、結果、少し前かがみで歩くことになってね。フィッティングでも、すぐ脱いで履いたら濡れてるのはバレないから。これでとりあえずポコチン出さずに済んで、そのまま稽古だったんだけども、**ずっとパンツが濡れてるっていう本当に最悪のコンディション。**でも、稽古はすげえおもしろくて、ちゃんと笑えた。だから、「FROLIC A HOLIC」はめちゃくちゃおもしろいと思います。フハハハハ。だけどたぶん、捨てたパンツは**「ざまぁ！」**って言ってるよね。俺も無理して履いておけばよかったたって思うんだけど。

（※1）　2023年3月4日・5日に開催された『東京03 FROLIC A HOLIC feat. Creepy Nuts in 日本武道館「なんと括っていいか、まだ分からない」』。東京03、Creepy Nutsらが出演し、オークラが作・演出を務めた。佐久間も監修・出演している。

この日のプレイリスト　サニーデイ・サービス「春の風」

この日のおすすめエンタメ　映画『BLUE GIANT』

ゲストトーク
特別収録
三四郎

2021年9月9日放送

佐久間が手がける『ゴッドタン』でブレイクのきっかけをつかみ、現在はともにオールナイトニッポン0のパーソナリティを務めるなど、佐久間とは縁の深い三四郎。前歯が欠けたまま車椅子に乗ってゴッドタンに登場した、小宮の衝撃デビューの背景を振り返りながら、いまだ謎多き男・相田のブレつつあるスタンスにもメスを入れていくなど、三四郎の過去と現在について幅広く語り合った。

三四郎（さんしろう）
中学からの同級生だった、小宮浩信（1983年9月3日、東京都生まれ）と、相田周二（1983年5月2日、東京都生まれ）が、2005年に結成したコンビ。2013年、『ゴッドタン』（テレビ東京）への出演が反響を呼び、以降、バラエティ番組などで活躍を続けている。また、2015年から『三四郎のオールナイトニッポン0（ZERO）』（ニッポン放送）のパーソナリティも務めている。

「この若手知ってんのか⁉ 2013・秋」

佐久間　もう8年前だよね。有名な映像だけど、俺、いろんな局に貸してるよ。『ゴッドタン』の「この若手知ってんのか⁉」（※1）の第1回で、芸人のアンケートに三四郎のツッコミの小宮くんのフレーズがキレキレだっていうのがたくさんあって。で、収録の3～4日前に「事故で来れません」っていう。最初、交通事故かなんかだと思って「え、大丈夫？」って聞いたら「大丈夫じゃないです」と。骨折と、何より前歯が全部ないですって、そういう情報だったのよ。

相田　ちょっと（情報が）歪んで、前歯が全部ない。

佐久間　その情報が飛び込んできたから「無理か。どうする？」って言ってたら、半日後ぐらいに「本人たちが出れると言ってます」って。俺としては、トラックにはねられてるぐらいのイメージだったから、「出れるってどういうこと？」と思って。

小宮　終電に間に合わなくて、雨の日に走ってコケて歯が欠けて、足も骨折した状態だったんで、僕的には「もう出たくない」っていうか。そういうスタンスだったんですよ。車椅子だし、歯だってそれまで一回も欠けたことがなかったし……。

佐久間　それは、歯は欠けたことないだろ（笑）。

小宮　（その姿で）表に出たことないし、ましてやテレビだから恥ずかしい。

佐久間　そうか、初テレビに近いもんね。

小宮　そうです。その恥ずかしいが上回って、「僕、出れない」「しんどい、しんどい」って言ってて。でも、相田的には「出たい」って。今まで『（爆笑）レッドカーペット』とか、いろんなオーディションに行かせてもらっても落ちてたりしたんで、チャンスだって。もちろんゴッドタンはふたりとも好きな番組だったんで。

相田　「絶対出たい」ってなってました。

「とにかく明るくね」って、このおっさんわかってんのか!?

佐久間　相田は（負傷した）小宮に会わないまま、出るか出ないかの話し合いがあったの？

相田　会ってないですね。マネージャーを通じて、小宮が出たくないって言ってるみたいになってて、「出たくないってなんだよ？」「いやいやゴッドタンだぞ!?　お前、出たくないわけねぇだろ」って、僕、本当に泣きながらマネージャーに訴えたんですよ。

佐久間　そしたら出ようってなって。

相田　「なんとかしてみます」って、当時のマネージャーが小宮を説得してくれて。

小宮　こっちの状態は知らずに。

佐久間　そっか、「甘えだ」「カッコつけてんじゃねぇ」ぐらいの感じで。それで、当日会ったの？

小宮　当日、初めて会って。

佐久間　俺たちと同じだ（笑）。で、当日見てどうしたの？

相田　「あ、これダメだ」と思いましたよ。

佐久間　アハハハ！

小宮　歯欠けて、車椅子で登場。「ダメだ……」みたいなこと言ってるから「ほらね」って。

相田　「あ～あ」って思いましたもん。

小宮　マジで出るつもりもなかったし、自暴自棄にもなってたし、もういいやと思って風呂も3日ぐらい入ってなくて。で、登場するにあたって、袖で佐久間さんが「小宮くんだっけ？とにかく明るくね」って。この状態だと、明るくないと笑えるものも笑えないからって。

佐久間　覚えてるわ～。

小宮　この状態だぞ!?　このおっさんわかってんのか？　明るくするけど！　って。

佐久間　違う、違う。俺も謎が今解けたの。要は、コンビでそんな和気あいあいしてる感じじゃなかったから、緊張してるんだと思ってたの。でも、実際は相田が俺たちと同じように当日見て、引いてたのね。

相田　引いてましたよ。

佐久間　だからか！　「骨折してるけど出たいんです！」っていうコンビのテンションじゃなかった（笑）。リハでふたりとも下向いてて、相田も小宮も目を合わせないしさ。

相田　この状態だったら、もっと出ないって言えやと思って。

おぎやはぎ・小木「あの骨折してるヤツ、ムカつくな」

小宮　天才ランキングの1位みたいな感じで出て行ったけど、ネタもぐちゃぐちゃですよね。車椅子のボロボロの人がツッコむし、ツッコんだらクルって車椅子が横になって、それをボケが直すっていう。それでヤケクソになって、劇団ひとりさんとかと絡んで、みたいな感じ。本当にやけっぱちになってたんで「知らねぇよ」みたいな感じのノリが、功を奏してかわからないですけど。

佐久間　あれ、小木（博明）さんだよ。最初に「あいつムカつくなぁ」って。劇団ひとりは「どっちにしてあげよう」って悩んでたと思う。怪我してるし、クサすわけにもいかないなと思ってたところで、小木さんが「あの骨折してるヤツ、ムカつくな」って、一気に「関係ねぇや」にした。

小宮　悪い人ですよね、あの人（笑）。でも、たしかにそうですよね。先輩にあんなに言うのはおかしいから。

佐久間　そのときの小宮の返しがおもしろかったんだよな。「え、この状態で？　この状態の俺にムカつく？」って（笑）。あれはもううまい返しっていうより、単純に本当にそう思ってたんだよね。

小宮　本心ですよ（笑）。相田にも「この状態で出ろってこと？」ってずっと言ってたんで、単にそのマインドが続いてて。あのときの映像、あんなにコスられるんだったらもうちょっとやっときゃよかったと思って。

欠けた歯を入れるタイミングを見失った

佐久間　そこからゴッドタンだけじゃなくいろんな番組にも出ていくけど、一周目のときって、どういう気持ちだったの？　小宮が歯欠けてたときって、相田は正直やることないじゃん。

相田　でも、そんなすぐには仕事が来なくて。（仕事は）ほとんどライブぐらいだったので、一週間後ぐらいには松葉杖で漫才やってました。

小宮　オファーが来るのはいいんですけど、マネージャーが「もう足治ってますよ」とか「ゴッドタンの状態ではないですよ」って言うんだけど。

佐久間　「ご期待に添えませんよ」って（笑）。

相田　「車椅子ではないですよ」って。

小宮　生意気ではありますよね（笑）。

佐久間　「え、車椅子じゃないんですか！」って逆のパターンがあるのか。

小宮　最初はそうでした。それで、歯が欠けたままで売れ続けちゃったんで、歯を入れるタイミングも見失って。

佐久間　どのぐらい歯を入れなかったんだっけ。

小宮　5年ぐらいです。収録でお医者さんに診てもらったら、前歯が欠けてるしわ寄せで奥歯がボロボロだから、顎関節症になってしゃべれなくなるって。その5年間も、奥歯が痛くなっちゃうから、ずっと歯医者に行ってたんですよ。

佐久間　欠けた前歯を維持するためにボロボロの奥歯だけ治療しながら、売れ続けてたってこと？

小宮　そうです。歯医者さんもビックリしますよね。

相田　「前歯入れろよ」って思いますもんね。

小宮　歯医者さんが「じゃあいきますよ」って（前歯の治療を）やろうとして、「じゃなくて奥歯です」、「え、前歯じゃねぇの？」ってことはよくありました。

佐久間　５年も入れてないのか。おもしろいな〜。

相田は最初から７割できる人

佐久間　相方ばかりがイジられてる時期に、自分のキャラクターに悩んだりするじゃん。相田はどうなっていったの？

相田　そのときはツッコミに回って、小宮のフォローみたいなことをしてたんですけど、漫才では僕がボケだから「最初にボケなきゃいけないのか」と思って、ロケとかでは自分からボケるように、みたいな感覚にはなってきました。

小宮　出たてのころは僕も慣れてないから、トークで噛んだり、グチャグチャになってたりするんですよ。そのときが相田の〝出しろ〟みたいな。「僕が説明しますよ」みたいになっていて、「相田さん、いてくれてありがとうございます」って仕事が多かったんです。でも、だんだん僕が慣れてきたら、やることなくなって（笑）。

佐久間　回ってこないんだ（笑）。

小宮　滑舌とかもイジる感じじゃなくなってきたら、もうやることがなくなって。「ん〜」みたいにはにかんで「仕事しましたよ？」ぐらいの顔はして帰る。ウエストランドの河本（太）ぐらいポンコツってわけでもないから、（相田が）ポンコツっていってもピンとこないんですよね。ゴッドタンとかラジオで知ってくれてる人には、薄々バレはじめてるとかはあるんですけど。

佐久間　今、ちょうどそこの分岐点にいるよね。ゴッドタンとか深夜ではしてるけど、バラエティでもそっちのイジりを解禁するのか。

小宮　ポンコツって感じも、ピンとこないんですよ。僕は極端にできないですけど、（相田は）最初から7割できる人なんですよ。中学時代から、勉強も、スポーツも、音楽も、ある程度アベレージは高いみたいな。だから、あまり努力もしないでっていうのはあるんですね。

佐久間　できちゃうんだ。

相田　7割はできますね、はい。

小宮　できるってことでいうと、この間クズキャラってことで『ダウンタウンDX』に出たんですけど、クズキャラをやったことがないから潮目がわからなくて「所（ジョージ）さんってなんで売れたんですか？」って、すごいトガった怖いことを言い出して。

佐久間　クズキャラは上に噛みつくもんだって、出たての一周目の芸人じゃん。

相田　あと、周りがクズすぎて「これしかない」と思って。

佐久間　ひどいこと言うしかないと。

小宮　「ダウンタウンさん、まだ伸びますよ」って言って、とんでもない空気になった。

相田にやらせようとして失敗してきたこと

佐久間　今まで何かをやらせようとして、失敗してきたことってある？

小宮　やっぱり歯が欠けてたり、僕が日常でありえないことが多いじゃないですか。だから、相田に一日一個ぐらい僕のエピソードを考えといてって。それで番組に出たら、暴露みたいな感じで「おい、ちょっとやめてくれよ」って。

佐久間　怒れるもんね。

小宮　そうです。おぎやはぎさんとか劇団ひとりさんに「なんだこいつ、生意気だな」みたいに言われたら、たぶん「相田どうなってんの？」って振られるから、「相田にしかわからないパーソナルなことを言って」って。

佐久間　完璧な戦略じゃん。それで？

小宮　会議のときとかは「うん、わかったわかった」みたいになるけど、結局何も出てこないから「あ、こいつ考えないな」って。だから、もう本当にイヤですけど、「暴露話、僕2〜3個考えてきたんだけど……」って渡すんですよ。

佐久間　アハハハ！　え？　相田、小宮からもらってしゃべってたの？

小宮　あんまり言いたくないですよ。それで本番始まって「どうなの相田？」ってなったら「いや、こいつね。高円寺のキャバクラでもね……」「ちょっとやめろよ！」って。むなしいよ、むなしい。

相田　（笑）

小宮　なんで相田笑ってんの、今（笑）。どういう心境？

佐久間　そうなのよ。小宮に「なんでその話言うんだよ」でいいじゃん。

相田　だって、これですもん。

小宮　これですもん？　これが真実？

相田　これが真実だから。

佐久間　この真実をバラされてどう思うんだって話よ。

相田　「これを言ってくれ」だったら僕は言うことはできますけど、自分から生成することはできない。

佐久間　アハハハハ！

小宮　また、僕の当番になるの？　早いな～。

佐久間　なんでボール渡しちゃうんだよ（笑）。

小宮　ひとつも山つくらないでまた戻ってくる。これ、スルーパス？

佐久間　スルーじゃね？　シュート撃つと見せかけてスルーする（笑）。

小宮　なるほど、スルーね。

佐久間　なんだけど、小宮が自分で出したパスだから走らなきゃいけないっていう。

小宮　ヘトヘトだぜ。

佐久間　あー、おもしろい。

（※1）　若手芸人へのアンケートからライブシーンで活躍する注目の若手を紹介する企画。三四郎は当時、『若手の間で「コイツは天才だ！」と一目置かれている芸人』の［非よしもと部門］1位として登場した。

ゲストトーク
特別収録
ランジャタイ
2022年10月19日放送

M-1での活躍をきっかけにブレイクしたランジャタイだが、『ゴッドタン』の企画「この若手知ってんのか!?」にふたりを呼んだときのことを後悔しているという佐久間は、さまざまな歯車が狂っていった当時の収録を改めて検証する。また、ランジャタイの芸風を育んだ国崎のバイト時代の思い出話や、毎年、レジェンド芸人・深見千三郎の墓の前でネタを披露しているという、国崎のとんでもないエピソードが飛び出すなど、ランジャタイのルーツが垣間見えるトークとなった。

ランジャタイ
伊藤幸司（1985年11月18日、鳥取県生まれ）と国崎和也（1987年9月3日、富山県生まれ）によるコンビ。2007年結成。独特な発想とアクションが際立つ漫才が注目され、2017年に『ゴッドタン』（テレビ東京）の企画「この若手知ってんのか!?」の「天才と一目置かれている芸人」で1位に選出される。2021年には、『M-1グランプリ』（朝日放送テレビ・テレビ朝日）決勝に進出し、活躍の場を広げた。

『ゴッドタン』のスタッフの間でも意見が分かれた

佐久間 最初は『ゴッドタン』なんだよね。

国崎 もちろん、しっかり覚えてます。

伊藤 2017年ですね。

佐久間 「この若手知ってんのか!?」っていう企画で、1回目の天才芸人部門が三四郎で、2回目か3回目がランジャタイ（実際は4回目）。圧倒的な票数だったのよ。

国崎 めちゃくちゃありがたい話です。〝満を持して〟感で。

伊藤 ずっと、ランキングには入ってたんですよね。

佐久間 ずっと入ってたんだけど、満を持してボーンと1位に入ったから、出すしかないし。

国崎 僕らも出るしかないし。

伊藤 若手の間では、あれに出たら売れるぞって評判でしたもん。

佐久間 正直、ランジャタイは、俺たちスタッフの間でもほんのちょっと意見が分かれたわけ。俺は好きだったけど「おもしろくない」とかじゃなくて「わかりません」っていう人もいるからさ。

国崎 なるほど。

佐久間　でも、ここまで（ほかの）芸人の支持があるし、「出してみりゃなんとかなるんじゃないの？」ってことで、当日の収録前に、俺と技術陣だけでネタを見たのよ。そのとき、国崎から「ふたつあるんですけど、どっちがいいですか」ってふたつ見せられて。

国崎　僕、そんなことしました？　何やってました？

伊藤　覚えてます。「カラス3匹」と「PK戦」。

佐久間　それで、「PK戦」をやったんだっけ？

国崎　え、「肉まんほいほい」じゃなかったでしたっけ？

伊藤　ほいほいもやったのかな？

国崎　いろいろやったんですよ。

佐久間　やったんだけど、まず「『カラス3匹』と『PK戦』、どっちがいいですか？」って言われても、わかるわけない（笑）。

伊藤　知らねーよって。

佐久間　ただ、そのとき悩んだのよ。今回は、よりワケがわからないネタのほうがいいんじゃないかって。だから、「どっちかな」って国崎に相談したんだけど、結局は、「もうちょっとわかりやすいほうがいいんじゃねぇか」って担当ディレクターが言って「PK戦」になったんだよ。

で、それがどっちつかずで終わったんだよね。

国崎　正直、スベりきったんです。スベりのゴールテープを、切りに切ったんです。「スベりの向こう側」に（笑）。

佐久間　たどり着いたんだよね（笑）。

佐久間がランジャタイのブレイクを遅らせている

佐久間　こっちの演出プランの失敗で言うとさ、ランジャタイのネタは技術陣には見せないほうがよかったなって思ったんだよね。ランジャタイのネタって、立て続けに2回見るネタじゃないじゃん（笑）。

国崎　お腹いっぱいになりますからね。

佐久間　だから、スタジオが2回目の空気になっちゃって。ＰＫのネタって独特な動きがあるから、「ちゃんと撮らなきゃ」って技術陣が緊張して、誰も笑わないっていう。

国崎　そうなんですよ。よく見たらつまんないし、誰も笑ってない（笑）。

伊藤　天才とかじゃない、よくわかんないとかそういうことじゃない。つまらないってはっきりわかる。

佐久間　これはお互いの失敗なんだけど、スベりきったわけじゃん。となると、本当は俺も「平場ではワケわかんなくていいよ」ってカンペを出そうかと思ったんだけど……つまり、今のランジャタイのテレビの出方でやってくれればよかったんだけど、ちゃんとトークしちゃったんだよな（笑）。

国崎　質疑応答に答える感じの。ちゃんと、待って、答える。

伊藤　おとなしくね。

国崎　スベりきったあと、さらに毎秒、毎秒、スベった！　スベった！　みたいな。

佐久間　（笑）。ネタがめちゃくちゃウケてたら、平場ももっと飛ばしたことをやったかもしれないんだけど、さすがにテレビにもあまり出てないころだったから。

国崎　取り戻そうして。大変でしたよ（笑）。

伊藤　それもわけわからないし、ウケないし。

国崎　終わったあと、曇天三男坊（現・古家曇天）から品川駅のロータリーで朝まで説教ですよ。古畑任三郎のネタ明かしみたいに、いかにお前らがスベったかの答え合わせをずっと電信柱の前で（笑）。

佐久間　おぎやはぎと劇団ひとりが「わかんない」ってスタンスだったんだよね。そのほうがいいのかなと思って。

国崎　お互い、遠慮しちゃったんですよね。

佐久間　俺はそこでランジャタイじゃなくて、おぎやはぎと劇団ひとりに「強くいっていいよ」ってカンペ出せばよかったんだけど、ネタがスベったもんだから、お互いに気を遣ったまま終わるっていう（笑）。

国崎　小木さんがお休みだったのかな。それで、矢作さんがどこか寂しげだったんですよね。

佐久間　小木さんがいたらもっと強く言えたんだよね。いろんな不幸が重なった結果。俺が正式に謝ろうと思ってるのは、俺がランジャタイのブレイクを遅らせてると思ってる（笑）。

ガソリンスタンドが国崎のアナザースカイ

佐久間　リスナーから「ふたりのお笑いのルーツをたどると、誰に影響を受けてますか」ってメールが来てるけど、前にそんな話したよね。なんであの芸風になったのか聞いたときに、ガソリンスタンドでって。

国崎　あー、しましたね。僕、セルフのガソリンスタンドでバイトしてたんですけど、ボタンを押せば給油できるから、お客さんが来ないときはずっとひとつの部屋に閉じ込められた状態なんですよ。

佐久間　一晩中でしょ？

国崎　一晩中、お客さんもほぼ来ないところで、何もしない。人間って、何もしないとモノに話しかけたりするんですよ（笑）。ペットボトルに「満タンじゃん！」ってやってました。

佐久間　自分がおかしくならないように（笑）。

国崎　もう、おかしいんですけどね（笑）。それこそ、赤い三角コーンが外にあって、その赤いコーンが向こう側の道路の電信柱のことを好きだけど告白できないっていうから、僕が休憩中に電信柱に行って「好きなんだって」って、耳打ちをして取り持ってあげたり。

伊藤　優しいね。

佐久間　っていうのを、ひとりでやってたんでしょ？

国崎　9年間ず〜っとやってました。それで、所作とかは上手くなっていくんですよ。何年目かに、それを携帯で撮りだして、自分で見て笑って。それがネタにつながったりとかもしてました。

佐久間　それは、伊藤ちゃんも知ってるの？

伊藤　そんなに詳しくは知らなかったですね。

国崎　あまり言ってなかったです。マツモトクラブさんだけに言ってた。

佐久間　あいつ、受け入れてくれそうだもんな（笑）。

国崎　「あるよね、そういうの」って言ってましたけど（笑）。

佐久間　そこから、国崎がひとりでワケわかんないことやってそれを訂正していくっていう今のスタイルに、どうつながっていくのかな。

伊藤　それこそ、最初から。

佐久間　最初からそうだったんだ。

国崎　世界観とかはあまり変わらないかもしれないですね。でも、所作とか声は小さかったんで、伝わらない部分はたぶんあって。

伊藤　そういうところは、だいぶガソリンスタンドで鍛えられたんですね。

国崎　そこで、だいぶ変わりましたね。

佐久間　寄席だね。お前にとっての。

国崎　寄席ですよ。「アナザースカイ」（※1）です。

佐久間　アナザースカイ、アハハハハ！

国崎　「ここが僕のアナザースカイ」みたいな。

佐久間　あと、ちょっと待って。今のネタの原型のまま、声ちっちゃかったんだ（笑）。

国崎　声ちっちゃかったです。

佐久間　それは……伝わらない。

国崎　地面からユーミンが出てくるネタも「春よ……」って、むちゃくちゃ小声でやってました。

伊藤　ボソボソって。お客さんにはまず聞こえてなかったと思います。

伊藤のターンはまだきていない

佐久間　デビュー当時からそれってことは、そもそもどうやって最初にそのネタに最初にたどり着くの？

国崎　もとから僕の中に「これをやります」みたいなのがあって（笑）。それで、伊藤さんとネタ合わせして……みたいな。

伊藤　それで、自然と。

国崎　でも、不思議なもんで、はじめは伊藤もボケだったんですよ。

伊藤　最初、僕もボケでしたね。

佐久間　ふたりでボケを重ねるやり方だったの？

国崎　どっちかがボケをやって、どっちかがツッコミみたいな。じゃあ、はじめは僕にボケをやらせてくれって言って、それがしっくりきてそのままずっと。

伊藤　「これでいいなぁ」ってなって、僕のターンは来ずにそのまま。

国崎　伊藤のターンは来てないです、まだ（笑）。

深見千三郎の墓に向かって、夜中にひとり12分ネタ

佐久間　憧れの芸人みたいなのはいた？

国崎　『浅草キッド』にも出てた、ビートたけしさんのお師匠の深見千三郎さんっていう方が。

佐久間　劇団ひとりが映画化（Netflix）して、大泉洋さんがやっていた。

国崎　あの方が昔からずっと大好きで。我々は、（当時）オフィス北野だったんですよ。そのときのマネージャーさんがくじら屋（捕鯨船）のおかみさんで。そのマネージャーさんに深見千三郎さんのお墓の場所を教えてもらって、毎年ひとりで行っていて。

佐久間　ひとりで？

国崎　ひとりで行くんですよ。年に1回しか行かないんですけど、その年に自分の一番おもしろいネタを、深見千三郎さんのお墓の前で全力でやるんです。

佐久間　フハハハハ！　すげぇな！　墓の前でひとりで発表するんだ？

国崎　発表するんですよ。昼にやったら迷惑になるんで、絶対に夜です。だから、本当の墓場の運動会（笑）。

佐久間　夜中にひとりで。アハハハハ。それ、何年やってたの？

国崎　4～5年、もっとかな。けっこうやってます。

佐久間　それを何分ぐらいやるの？

国崎　長いです。12分とか。それこそ「バスケットゴリラ」もやりました（笑）。お墓の前でずっと「ウホウホ」言って、「ウホ！　ウホウホ！」って（笑）。

佐久間　アハハハハ！　伊藤ちゃんの制御もなく。

国崎　本当に怖いヤツだと思います。

佐久間　本当にただのバスケットゴリラでしょ？　もう墓場の妖怪（笑）。それでまた家に帰って「今年も報告できたな」って？

国崎　そうです。僕、あんまりお酒飲めないんですけど、そのときだけお墓の前でワンカップを一杯やって、ほろ酔いで帰っていくんですよ（笑）。それで、去年かな。M-1の決勝に行って。

佐久間　準決勝を勝ち抜いたところで？

国崎　勝ち抜いたところで、たまたまNetflixの『浅草キッド』もやっていたときで、この人（伊藤）が「すごいおもしろかった」って言ってたから。ちょうどいいやって、Ｍ‐１の決勝でやるネタを深見千三郎さんの前で、この人と一緒に。「師匠、これで決勝に行きます」って、耳の中にネコが入ってくるネタを。

佐久間　アハハハハ！

国崎　「風猫」ってネタなんですけど、「ニャニャニャニャ！　ズズ、ズズズズー！」みたいな感じで。

佐久間　それを深見師匠の墓の前で夜中にふたりでやったってこと？

国崎　そのときは真っ昼間でした。そしたら、お寺の和尚さんがすっ飛んできて「何やってんだ？」って。「君はなんか『ニャニャニャニャー！』とか言ってるけど大丈夫？」みたいな（笑）。

佐久間　でも、なんか漫画の主人公みたいなことじゃん。伊藤はどう思ってたの？

伊藤　ドッキリでしたからね。何も知らずに「ちょっと今から行こう」ってタクシーに乗せられて。不安になって「え、テレビなの？」ってずっと聞いてたら、「まぁ『ロンハー（ロンドンハーツ）』なんだけど。お前だけに言うわ」「ちょっと準備しといて」って。

佐久間　そんなこと絶対にないけど。

伊藤　っていうウソをつかれて、ブワーっていろんなシミュレーションしてたら、着いたのが墓で「え、何?」ってなって。

国崎 でもまだ、わかんないんですよ。(伊藤は)ロンハーだと思ってたから、全力でやるんですよ。

佐久間 ワハハハハ!

国崎 本域の。M-1よりうまくいったんだもん。M-1のときよりも鬼気迫るようなネタを(笑)。

佐久間 ロンハーのドッキリってウソつかないと、最後までついてきてくれないかもしれないもんね。

国崎 そうです。それで最後までやりきって、和尚さんが来て「何やってんの?」って。和尚さんもイヤそうでした。「芸人です」「芸人なの? ダメだよ」「M-1に出る」「M-1!?」ってなって。

佐久間 これ、すごい話だなぁ、めちゃくちゃおもしれえわ(笑)。

ランジャタイ フハハハハハ!

(※1) 日本テレビ系で放送されている紀行バラエティ。ゲストは毎回、「第2の故郷」や「憧れの地」など思い入れのある土地を訪れる。ロケVTRのまとめとして、ゲストが言う決めゼリフが「ここが私のアナザースカイ」。

厳選フリートーク
家族・友人編

最近は、関係ないネットニュースに自分の写真が使われるようなこともあるんですけど、家族のメディアリテラシーが高くてよかったな、と思いますね。娘は僕がどうイジられようが誤解されようが、ゲラゲラ笑ってくれるタイプの人間なので。妻も同じ業界の人間だから理解がありますし。そこはだいぶ助かってるというか、ラッキーだなと思ってます。（佐久間）

事務所の改装

2022年7月6日放送

事務所を改装したんですよ。「事務所」ってカッコつけたけど、俺の部屋ね。もともと家の中で一番狭い四畳半の部屋を自分の部屋にしてたんだけど、独立して会社に行かなくなったから、奥さんが一番広い部屋を俺にあてがってくれたの。そこを事務所に使ってるわけ。もうずっと使ってる机があって、ＭａｃとWi-Fiだけ買い換えてリモート会議とかはできるようになったんだけど、ずっと問題があって。俺、とにかく物持ちがいいっていうか、物を捨てないのよ。マグカップとかさ、高校時代のものとか使ってるタイプ。机もね、学生時代から同じもの使ってたの。ノートパソコン置くのが限界ぐらいの机。でも、さすがに編集とかも会社の機材じゃなくて家でやるから、ｉＭａｃのいいのにしたら、机に資料も置けない状態になって。俺、資料をベッドに置いたりしながら、『トークサバイバー！』とかつくっ

ササササ

てるわけ。ハハハハハ。

これ、引くでしょ？　「机、買い換えろよ」って話なんだけど、今度は部屋のスペースに問題があって。ベッドがあって、学生時代から使ってる机があって、その横に本棚があるのね。その本棚が横に広がってて、それで俺の部屋、終わりなわけ。ベランダには俺の部屋からしか出られないから、南側はもう窓。机を並べてる逆側は、家族全員が使ってるクローゼットがあんのよ。夫婦の寝室だった部屋を事務所にしてるからそうなっちゃってんだけど。

あと、「本棚」って言ってるけど、本当のこと言うと、**大学時代から使ってる黒いカラーボックス**なのよ（笑）。恥ずかしいから言ってなかったんだけど、学生時代から使ってる机の横に薄汚れた黒いカラーボックス6個並べて、そこに本とか漫画とかCDとか詰めてたわけ。それをこの番組のみんなに言ったら、福田が**「情けない」**って言い始めて。「俺は、そんなカラーボックスを30年使ってる人を『ボス』と掲げて番組をつくりたくない。恥ずかしい」と（笑）。

それもあって、「いよいよ本当に改装しなきゃな」となって。結局、部屋に合った本棚を特注で買うかつくってスペースをギュッとして、でかい机を買わないと解決しないのね。いろいろ調べたんだけど、やっぱ特注でつくらなきゃいけない。それは無理っていうか、仕事もあるから面倒くさいなと思ってたら、うちの奥さん、テレ東の社屋移転とか担当したのね。

そのときに知り合った建築士の方がすごくいい人で、「その人だったらフットワーク軽くやってくれるかもしれないから、相談してみたら?」って言われて。で、奥さんから紹介された建築士の方に相談したら、「いいですよ」って、俺の部屋に来てくれて、サイズを全部測ってくれて、3パターンぐらい図面を出してくれたの。デスクをL字に広げてパソコンと資料を全部置けるようにする代わりに、ギリギリまで壁一面に本棚をつくりますと。

図面がA、B、Cとあるから、「このAのパターンで」ってお願いして、俺が仕事に行ってる間に来てくださって、改装してくれたの。それで見違えたわけですよ。おかげで、Ｍａｃをデスクの真ん中に置いて、両サイドに資料を置いたままパソコンが打てるようになったの。今まではホントさ、ちっちゃくなって打ってたから。それが、もう小室哲だよ！　ハッハハハハ！　小室のようにやれるようになったのよ。俺的にはすごい進歩なわけ。

そしたら先週、ちょっと大事なリモート会議があったのね。新しいスポンサーになるっていうか、俺に番組づくりとかをお願いしてくれた企業の方々との打ち合わせで。せっかく指名してくれたんだから、気合を入れてやろうと思って、打ち合わせの前に資料も準備して、企画も事前にたたきを考えておいたの。

それで、会議に入ったんだけど、セキュリティがちゃんとしてるから、Ｚｏｏｍとかじゃなくて、その企業でしか使ってない独自のリモート会議アプリだったのね。俺、いつも部屋が汚いのと、ぎゅうぎゅうで狭かったから、バーチャル背景だったのよ。ニッポン放送のラジオブースのバーチャル背景ね。最初の話題として盛り上がるから、ずっとそのままにしてるんだけど、それが使えなかったわけ。でも、改装して、ついでにいらないものも全部捨ててきれいになったから、いいやと思って、普通に自分の部屋が見えるかたちで会議してたのね。

午前中で頭も冴えてる。改装して仕事もしやすいから、けっこう調子よくて、ガンガンアイデアが出て、「これは佐久間、好印象なんじゃないか？」と。で、会議がある程度進んだところで、普通だったら翌週用意する企画を用意してたから、それを説明するだけ。それで（企画について）しゃべってる途中、「画面共有させてください」とかって言ったタイミングで、モニター見てたら、俺の背景の扉がガチャって開いて、**大量の洗濯物を持った奥さんが入ってきたのね、ゆっくり。**俺はもう無言で黙ったまま。みんなに見えてる状態で、奥さんが洗濯物持って俺のうしろを通り過ぎて、そのままベランダに出てったわけ。

全体の空気が止まって、「え、今の何？　佐久間のうしろを、**洗濯物持ったスウェッ**

トでメガネ姿の中年女性が通り過ぎてったんだけど……」って（笑）。どういうことかと言うと、我が家は俺の部屋を通らないとベランダに行けない。平日だったけど、土日に俺と奥さんは両方とも仕事してたから洗濯できなかったっていうのと、あと、改装のとき、俺が冬物のクリーニングをまったく出してないことが発覚して、めちゃくちゃ奥さんに怒られたの。冬物のアウターはクリーニングに出して、長袖シャツとかを全部洗濯しなきゃダメだと言われて、その洗濯物だったの。奥さんが平日なのに俺がずっとほっといた洗濯物をやって、ぶつくさ言いながら俺のうしろを通り過ぎていったのが、映ったの。

その上でもう1コ説明すると、コロナ禍にずっとバーチャル背景で会議やってきたのね。バーチャル背景って前に誰かがいると、うしろを誰かが通っても映らないの。だから、我が家はそれに慣れすぎて、俺が会議しててもうしろを平気で通るようになってたのよ。それが全部重なった結果、奥さんが会議中に大量の洗濯物を持ったまま無言で入ってきたわけ。映ってないと思って。

先方にもバッチリ見えたけど、黙ってる。俺は、取れるか取れないかわかんない仕事のプレゼン中なのよ。俺のターンで、俺が話さなきゃいけないから、「どうする?」となったときに、パッと思ったのが、「ベランダじゃん。もう1回戻ってくるぞ、あいつは!」っていう。

これはなんとかしなきゃいけないと思って、「すいません、ちょっと電話かけなきゃいけないんで、2～3分待ってもらっていいですか？」っていう苦しい言いわけをして、カメラとオーディオをオフってベランダに出たの。

「ちょっとあのさあ、今の全部映ってたよ」「いや、バーチャル背景じゃん」「使えないの。外資系の企業で、特別なアプリなの」「ええ!? そうなの!?」「だから、今からベランダから出てって。外資なんだから！」って。ハハハハハ！ そしたら、「いや無理」って。「なんでよ！ベランダから出てってよ！」っつったら、「洗濯物干さないままベランダに置いといたら、ぐちゃぐちゃになるし、何よりこれ、あなたの冬服なんですけど」って言われて。「自分で干しますか？」「いや、俺、今プレゼンです。じゃあほっといてください」「そうなると、変な形になって臭くなっちゃいますよ。私は主婦として干します」。そらそうだと思って。俺が「じゃあ、洗濯物干し終わったときに声かけてくれよ。そしたら、また電話かかってきたことにして1回切るから」っつって、「わかった。ＯＫ」って会談終了。ミッションは決まったわけ。

部屋に戻って、「お待たせしました」っつって。ここから佐久間のショータイムですと。頭の中で、「あの洗濯物の量なら10分ほどのはず。企画のプレゼンもそれぐらいには終わるはず。妻の合図で電話が来たふり→カメラオフ→妻通り過ぎる→戻る→コンプリート。これで大丈夫」と思って、プレゼンしてたの。

好感触のまま5～6分進み、そこで先方から「佐久間さん、これすごくいいですね。その参考になるかわからないですけど、ちょっと近い試みをやったことがありまして」って、共有画面にイベントの映像が出てきたの。それ見ながら、「ちょっとまずいな。被ってるっていう意味なのか、これを発展させたいのか。でも、発展させたいほうにかけて、『これを俺の企画と組み合わせたら、違うパターンできます』。よし、これで行こう。ＯＫ、俺、今日冴えてるぜ」と思って。

映像が流れ終わって、「佐久間さん、どうでした？」って聞かれて、私のターンが始まりました。「行きたい方向は似てますね。でもまあ、いくつか問題点がわかりまして～」ぐらいのときに、画面の下側、俺のゲーミングチェアの足元あたりをね、**スウェットの中年女性が匍匐前進で通り過ぎていく姿**を見たの。「約束と違うじゃーん！」と思いながらプレゼンしてるうしろを、匍匐前進スウェット中年女性が（笑）、シャカシャカシャカシャカ～って。しかも、遅いわけよ。「マジでなんなの⁉」と思って。

「すいません、ちょっと電話がかかってきちゃいまして」ってカメラとオーディオをオフにして、廊下に出て「え、ちょっとどういうこと？　合図するんじゃなかったの？」つったの。そしたら、奥さんがキレてて、「いや、しましたよ、何度も。なんか画面食い入るように見てて、聞いてくれませんでしたけど」。俺、爆音で流れるイベントの映像を見ながら考えてたから、「終わったけど」が聞こえてなくて。奥さんは自分の仕事もあるから、あきらめて匍匐前進で行ったらしい。「にしても、カメラに映るのわかるじゃん」つったら、「匍匐前進なら映らないのわかるよ」って言ったんだけど、L字のデスクにして、パソコンの位置を変えてんだよね。

それまでは壁への距離が短いから、足元は映らなかったわけ。それがデスクをL字にでっかくして、パソコンの位置を変えたから、広角で床も全部映るようになってたの。それを奥さんに説明したら、「マジかぁ〜……匍匐前進、映ってた？」つって。「ゆっくりした匍匐前進、しっかり。戦場かと思った」つって。ハハハハハ。「まあでも、しょうがないね、どうしようか」「いや、もう一瞬だから、なかったことにして。あっちも大人だから大丈夫、それでいきます」って、デスク座ってカメラオン、オーディオもオンしようとしたら、リモート会議のオーディオってさ、消し忘れるときない？　スイッチとかじゃないからさ。

俺、クリックミスして、音だけ聞こえてたのよ。佐久間家のすべて、匍匐前進とかの話も全部聞こえてたの、外資に。フハハハハ！　全員下向いてるから、これはもう無理だと思って「えっとですね。さっきのＶＴＲなんですけど……その前に、我が家で起こったことを説明させてもらっていいですか」って言って、そっから俺、今のフリートークと同じテンション、同じ長さのトークをしたのよ、しっかりね。今日のやつ、まんまやったの。

結果、外資の皆さんも笑ってくれて、「よかったですね」と。「じゃあ、こっから企画説明しましょう」と思ったら、「佐久間さん、すいません。ちょっと時間が来ちゃいまして、企画案、来週プレゼンでよろしいですか？」って言われて。**俺、1週巻いた企画、何もプレゼンできないで終わったの。**ハハハハハ！　ラジオ尺でしゃべっちゃってんだよ。テレビ尺でしゃべればよかった〜。15分の大作フリートークやっちゃったから、外資の人たちの前で。

（※1）ミュージシャン・音楽プロデューサーの小室哲哉。ライブでシンセサイザーなどの機材をいくつも並べ、左右の手で異なる機材を演奏する姿が多くの人の記憶に刻まれている。

この日のプレイリスト
チャットモンチー「とび魚のバタフライ」

この日のおすすめエンタメ
映画『リコリス・ピザ』

猫カフェ

2022年8月24日放送

我が家では4~5年ずっと、俺の中ではもう20年ぐらいずっと考えてることがあって。それは、「**猫飼いたい**」ってことなんです。

基本的に娘と俺が飼いたいのね。高校生のころまでは実家で猫飼ってたんだけど、上京してからは飼えるわけもなくて。結婚してからも共働きだったから、そんなちゃんとした動物は飼えないだろうって、カメと金魚以外ずっと飼ってなかったの。娘も幼稚園ぐらいから猫を飼いたいとずっと思ってたんだけど、よくあるじゃん、「結局、あんたたち世話しないでしょ」って、奥さんに論破され続けてて。でも、娘は高校ぐらいなってから、猫飼いたい気持ちが高まりすぎて、毎晩のようにかわいい猫の動画を俺に送ってくる時期に突入してるぐらい、猫が好きなのね。

もう1コ問題があって、俺、けっこうアレルギー持ってんの。奥さんからは「あんたね、たぶん猫アレルギーだよ」と。それも心配だから飼えませんよって言われてて。娘もちょっとアレルギーはあったんだけど、この1年ぐらいずっと計画を練ってたらしくて。都内の猫カフェに友達と行っては、いろんな猫と触れ合ってんのを写真に撮って、自分の体調もチェックして「私はアレルギーっぽくないです、全然大丈夫です」っていうのを、もう4~5回も行っては証明してたの。そしたら奥さんも「まあまあ。でも、パパがそうかもしんないじゃん」つって。「はいはいはい、わかりました」って話になって。

この間の土曜日に、娘からLINEが来て「明日、空いてますか?」と。「なんですか?」って聞いたら、「私は猫カフェに行きます。あなたも行かないといけません。お母さんも連れて行って、アレルギーが出ないことを証明してください」って。全部実証するっていう娘の計画の最終段階で、もう決行が決まってたのよ。でも俺、その日は収録が3本入ってたの。午前中に新宿のあたりで1本あって、それが3時に終わって、5時から東京03のコント番組の本読みがあって、その夜に収録があって。だから、娘に「3時半から5時の90分ぐらいだけ、新宿近辺でしか空いてません」って送ったの。そしたら、娘から新宿の猫カフェのデータが送られてきて、「3時半にここに来てください。ママと行きます。1時間でいいです。その1時間で、証明しましょう」と。

で、翌日ね。一発目の収録が1時間押したんですよ（笑）。3時半に猫カフェ集合だったんだけど、終わった時点で3時45分ぐらいだった。もう最悪だよ。収録の場所から猫カフェまでタクシーだったら10分ぐらいで着くけど、新宿って混んでるじゃん。だから、走ったほうが早いと思って走ってたんだけど、汗だくね。**おっさんが猫カフェまで新宿爆走してさ。**あまりの暑さで、もう体中、汗ドバドバみたいな状態だから、猫カフェの近くのコンビニ入ったんだけど、ペーパータオルがなくて、しょうがないからトイレットペーパーで汗をなんとかして、そのまま向かったわけよ、猫カフェに。

現代の猫カフェってすごいね。ワークスペースがあって、漫画もどっさりあるんだけど、猫カフェにある漫画じゃないんだよ。**『九条の大罪』とか『闇金ウシジマくん』**（※1）**とか、ウハハハハ、ハード系の漫画がすげえあんの。**「猫カフェで『九条の大罪』読むか？」と思ってたら、若者カップルが『九条の大罪』と『闇金ウシジマくん』をガッツリ読んでんのよ。それ見てたら、パッて顔上げたその若者が、「なんだよ、はあ？」みたいな、すげえ顔して俺のことにらんで。俺がじっと見てたから悪いんだけど、「いやお前、猫カフェでする顔じゃねえから。それは『九条の大罪』のモードじゃん」っていう。ハハハハハ。

「こわぁ～」とか思いながら妻と娘探して探したら、奥のほうでちっちゃい猫と触れ合ってたのよ。「いやいや、どうも」って言ったら、娘が俺の顔見て、さっきの『九条の大罪』見てる若者と同じ顔でにらんできたから、「えっ、お前も読んでんの？」って思ったら、急に外に連れ出されて、洗面所まで連れてかれて。鏡見たら、**額にべったりトイレットペーパーがくっついてた（笑）**。

その状態で俺、猫カフェで練り歩いてんだよ。「やばいってばよ！」って。ハッハハハハ！なんつったらいいんだろう、『NARUTO』（※2）みたいになってるの。ハッハハハハ！娘にめちゃくちゃ怒られて、顔洗って、ペーパータオルでふいて、猫カフェに戻ったわけ。

今回のミッションは、とにかく俺と娘はちゃんと猫の相手もできると妻に見せて、かつ、くしゃみが出ないこと。そして、もう1コ娘のミッションがあって、娘が調べてきた「サイベリアン」っていう猫がいて、それはどうやら毛が抜けにくいから、アレルギーが出にくいらしいのね。そのサイベリアンがこの猫カフェにいるから、ここを選んだと。サイベリアンと接して、うちの家族と相性がいいことがわかったら、ふたつクリアになるからって。

「お前、完璧じゃん」つったら、「いや、私、本当にちゃんと今日のために練ってきてるのに、額にトイレットペーパーつけた親父が現れて、絶対許さないからね。半年組み立ててんだから」って言われて。「本当に申し訳ありません」って言いながら、まずは猫に触れ合おうって、猫じゃらしみたいなの持って接してんだけど、やっぱ猫カフェの猫だと、猫じゃらし程度は「あ、どーも」みたいな。ハハハハ。「別に」って言う思春期の中学生みたいな感じで、全然相手にしてくれないわけ。

そしたら今度、長く猫飼ってた妻が、「猫の扱いがなってないんじゃない？　私、できるから」つって、「ウニャア～」ってやり始めたの。本格的な猫の鳴き声で猫がやってくると思ったんだけど、ただ引いていくだけっていう（笑）。娘に「うるさいんですけど」って言われて。ハハハハ！　全然寄ってこないのよ。

それで壁を見たら、見たことのない「猫アイス」ってのが書いてあって。店員さんに聞いたら、ちゅ～る（※3）的なものというか、ちょっと味のついた水を凍らせたやつなんですと。猫じゃらしはまったく相手してくれなかったから、「ちょっと買ってみるか」って1個買ってみた。猫アイスを買ってみたら、ベェロベロベロ～！って猫が寄って来るわけ。「これこれこれ！これが欲しかったのよ～！」みたいな。ハハハハハ。ほんのちょっとだけ、「やっぱ課金しないとダメなんだぁ」と思ったけど（笑）。でも、まだ目的は達成してないわけ。サイベリアンを探す。壁には、メンバー表みたいなのが書いてあんのよ、夜のお店みたいな（笑）。そういう今日出勤してる猫がいるメンバー表を見たら、いたのよ。薄い茶色で、名前は仮に「サイトウ」っていう猫がいたわけ。娘と別れて、手分けしてその猫を探し始めて。俺はでかいから、四つん這いというか、かがみながら探してたの。

そしたら、俺の目に映ったのが、猫がとにかく集まってる若い男性。猫アイスとかの課金なしなのに、猫じゃらしだけで4～5匹集めてる「**猫マスター**」がいたのよ。「え、ウソだろ？」と思って見てたら、手さばきとかがすごいんだよ。ハリー・ポッターみたいに猫じゃらしをくるくるってやったら、猫がうわ～って動いて。「どういうことなんだろう？」と思ったら、どうやら猫じゃらしは見せるもんじゃないんだよ、隠すもんなのよ。要は、カーペットの下とかに基本は隠してて、ちょい出しするから効果があるわけ。ずっと出してるとまったく意味がないのよ。

俺、下品だったから、もう丸出しでやってたの。「それかあ～」と思いながら、もう夢中になって猫マスターを見てたのよ。ハッて気づいたときに、猫マスターが俺のほう見てるから、「何、何？　どうしたの？　俺、額になんかついてる？」って思って周り見たら、**猫、猫、猫、俺、猫、**

だったのね。四つん這いで徐々に近づいてたから、猫じゃらしに集まってる猫、猫、猫、おじさん、っていう。ンフフ、**猫マスターに操られてるおじさん**だったの。ハッハハハハ！

でも、猫マスターに「ああっ、どうも」って会釈されたから、俺は猫になって手をつきながら、「すごいっすね。猫じゃらしって隠すんですね」「そうなんですよ、見せちゃダメなんです」とか話してて。いや、違うんだよ、猫マスターにじゃらされてる場合じゃねえ。残り10分だから、もう時間。サイベリアンを探さなきゃいけない。

薄茶色って言ってたけど、見つからなくて。そしたら、妻からＬＩＮＥが来て、「もうよくない？　もう時間ないから、１回みんなで集まろうよ」みたいになって。妻のところに行ったら、ほかの猫は全然懐かなかったんだけど、１匹だけ懐いてくれる猫がいたみたいで、「私はやっぱり猫飼ってる時間が長いから、この猫は完全に懐いてます。この子はかわいいね」って、猫アイスとかも使わずに懐いてる猫を見せてくれたの。たしかに、こげ茶のぽっちゃりした猫が、妻に懐いてゴロゴロやってんのよ。

それでちょっと優越感を感じたのか、妻が「あなた方のプロジェクトみたいなのはわかりませんけど、私はこの猫、気に入りました。たまに遊びに来るのはいいでしょう」と。「ただ、結局、あなたたちに猫も懐いてないですし、サイベリアンも今日は探さなくてもいいんじゃないですか。見つからなかったんだったら、しょうがないですね」って言って、俺と娘は「どうする?」って。

そしたら、さっき俺が懐いた猫マスターが近づいてきてさ、「ちょっと聞こえちゃったんですけど、サイベリアン、奥様に懐いてるそれです」って言われて。「え、そうなんですか!?」って言ったら、「この子、成長してけっこう茶色くなってるんですよ。私、常連で毎週来てるからわかります。これがサイトウです」って。「逆にラッキーじゃん」と思って。妻がたまたまサイベリアンを気に入ってるってことは、我が家と相性が合うっていうわけだから、切り替えて「そっか、すげえじゃん!　サイベリアンを手なずけてんじゃーん!」って俺と娘で言い始めたの。そしたら、猫マスターが「いや、この子、この猫カフェの中でね、一番誰にでも愛想がよくて、誰にでもゴロゴロ懐くんすよ」つって。いや、待てと。猫マスター、空気読めって!　ンハハハハ!

「お前、人間の気持ちは全然わかんねえのな」と思って。ハハハ。違うんだよ、我が家はサイベリアンと相性がいいっていうことで、飼う方向に持っていきたいのに。「誰にも懐くんすよ」つったら、妻がもう顔真っ赤にしてて。さっきまで「はいはい、私は全然違いますから。ずっと猫飼ってますから」って顔してたのに。で、なんとなく意気消沈のまま俺の時間がなくなって、解散したのね。

その日の仕事が全部終わったころに、「今日の猫カフェ、なんだったんだろうな」と思ってたら、娘からLINEが来て「お父さん、今日の本当の目的はわかってますか？　アレルギー出ましたか？」って言われて。「あ、今日、全然くしゃみもないし、そういう症状まったくない」と思って、「全然ないです。今日、お母さんに報告しましょう」つって。

夜11時ぐらい帰ってから、妻のところにふたりで行って、「あのですね、今日、行ったじゃないですか、猫カフェ。私も30～40分はいたじゃないですか。僕、まったくくしゃみ出てません。娘さん、どうですか？」「私も出てません」「ということは、我々は猫を飼える体質になっているということです。いかがですか？　これはクリアしました」って言ったの。

そしたら、妻が「はいはいはい、なるほど。あなたたち、今日1日何をつけてましたか？」と。「……え？」「マスクだろうが！」って。「ずっとマスクつけたまま猫カフェにいて、マスクで猫に触れておいて、くしゃみが出ませんでした？　それって当然じゃありませんか!?」って言われて、「うわあ～！　叙述トリック（※4）じゃ～ん！」。ハハハハハ！　「今日やったこと、全然意味ないじゃ～ん！　あちゃ～！」っていう（笑）。

（※1）『九条の大罪』、『闇金ウシジマくん』（ともに小学館）は、真鍋昌平による漫画。『九条の大罪』は半グレなどを顧客とする弁護士が主人公で、『闇金ウシジマくん』も闇金融の経営者が主人公という、アウトローを描いたハードな作品となっている。

（※2）『NARUTO -ナルト-』（集英社）は、忍の世界を描いた、岸本斉史によるバトルアクション漫画。「〜ってばよ」が口癖の主人公・うずまきナルトは、額当てを身につけている。

（※3）いなばペットフードの「CIAOちゅ〜る」は猫用のペースト状のおやつで、確実に猫が夢中になることでおなじみ。

（※4）推理小説などで、読者の思い込みや先入観を利用して、ミスリードを誘導するトリックのこと。

この日のプレイリスト　JUDY AND MARY「散歩道」

この日のおすすめエンタメ　映画『サバカン SABAKAN』

長渕10時間ライブ

2023年1月11日放送

年末に、大学の同級生と25年連続でやってる忘年会を今年もやったのよ。俺が大学時代にバイトしてた高田馬場の居酒屋で。井上ってヤツが親友なんだけど、長渕剛さんのファンなのね。長渕のファンで、タバコ吸いすぎると「タバコスイス銀行」とか、ダジャレばっかり言ってるヤツなんだけど。そいつらから、2年前にDVD（ブルーレイ）で『とんぼ』の最終回を延々と観させられた（※1）、みたい話したじゃない。

今回は、忘年会を始めてすぐぐらいに、「これ、本当に感動して、もう1回みんなで観たくて」って言って出したのが、2015年8月22日にやった『長渕剛 富士山麓 ALL NIGHT LIVE 2015』っていう10時間ライブのDVDセット。「これは俺が本当に元気がないときに観るから、今日はこれを観たい」って。10時間だぜ。10万人のオールナイトライブ。

演奏時間9時間で、終演が朝の6時だったんだって。朝の6時に終演して、全員がシャトルバスに乗れたのが**10時間後**だったんだって。ハハハ。すごくない？　規制退場だったから。

「どうしても、ダイジェストでいいから観てくれ」って言われて。「俺は『アメトーーク！』のスペシャル観たいんだよ」って言ったんだけど、「とりあえずこれ観てくれ」って、長渕のふもとっぱら（※2）でやったオールナイトライブを観てたら、10万人がさ、日本国旗持ってんの。すごいんだよ、もう始まる前にテンションがワーッて上がってて。

そしたら、長渕さんと外国人アーティストがヘリで登場するの。ただ、思ったより近い。「すごくない!?　思ったより近い」って言ったら、井上が「そうなんだよ、**これで救護テントがふたつ飛んだんだよね**」って言ってた。ハハハ。笑いごとじゃないんだけど、「ウソだろ!?」「いや、ホントホント！」って。「リハやったの!?」っていう。フハハハハ。で、長渕さんがMCとかするんじゃなくて、野太い声で「ウォオー！」って言ったら、「ジャパアーーン！」つって、音のカウントもない状態でダーンって一気に（曲が始まって）。「これを佐久間たちに観てほしかった」って言われて。そこから「2〜3曲観たから、もういいだろ。『アメトーーク！』観せてくれよ」つったら、「いや、待ってくれよ。1枚目はここでいいから。4部制だから、2部観よう」って。「『アメリカから連れてきたマブダチ』を見てくれよ」とか言われんだけど、俺は別にファンじゃないから、「とんぼ」とか「しゃぼん玉」は観たいけど、「アメリカから連れてきたマブダチ」は別に観たくないんだよ（笑）。

それが何かっていうと、長渕さんと外国人のキーボーディストが、ハーモニカとオルガンでバトルするの。「もっと来いよ！　もっと来いよ！」って外国人に言ってる。で、煽るように吹く長渕さんのハーモニカについていく、ローレン（・ゴールド）っていうキーボーディスト。「見てよ、これ。これが『アメリカから連れてきたマブダチ』なんだよ」って。ウハハ。「いや、マジかよ」つって。

焼酎飲みながら、この1年、何があったかの話をしたいんだよ。「もういいじゃん」っていう。「ちょっとだけ観てくれよ」つって、このあと長渕さんが「お前らが主役だあー！」って言って「勇次」を歌い始めるんだけど、全然終わんないの。「1曲20分あるから」って言われて。1曲20分あんのよ、マジで（笑）。3部、夜も深まった午前3時ぐらいかな。オープンカーに乗って場内走ってるのよ、長渕さん（笑）。

で、「ここまではダイジェストでお送りしたけど、これだけ最後に観てほしいんだよ」って言われて、その時点でもう1時間とか1時間半よ。忘年会つっても、俺たちも大人だしさ、2～3時間しか飲まないのに。その大半を長渕のDVD観てんのよ。正直、店にはほかにもお客さんいるんだよ。大学生が忘年会やってんのよ。でも、俺たちがテレビの前にいて、25年もやってるからテレビ使っていいって言われてて、遠巻きにいる学生たちも長渕ライブを観させられてんだぜ。47~48歳のおっさんに。たぶん「**ああいう大人にはなりたくねえなあ**」って思いながら。アハハハハ。

なんで井上がそれを観せたかったかというと、「オールナイトじゃないか。朝日が出てくるんだよ。**長渕が朝日を引っ張り出すから見てくれ。**富士から出てくる」って。「いや、それは上がるだろ」つったら、「いや、違うんだって。見ればわかる。長渕が朝日を引っ張り出すから見てくれ」って言われて(笑)。いや、お前もイカれてんなっていう。なんでそれを俺たちが見なきゃいけないんだよ。フフフ。「今日の長渕のコンディション次第だから。上がんないかもしんないから、朝日。それだけは見てほしいんだよ、みんなで!」って言って。

そして、長渕さんが登場して「やったぜ!」って言って、ちょっと明るくなってから「富士が見えたぜ、みんな! まずは富士だ!」って言うのよ。まずは富士? そのあと、長渕さんが「陽が見えたぞ! 昨日までずっと雨だったんだよ」つって、なるほどと。「どうしようかと思った、ここ全部ぬかるみで。でも、みんなの力がひとつになった」つって、ギターバトルとかやって。「空よ、山よ、風よ、俺たちの声が聞こえるかあー!」って言ったあと、長渕さんが言うんだよ、**昇るか昇らねえかどっちだ！　朝日を引きずり出すぞー！**」って。「これ、長渕が言ってたんだ」っていう。ハハハ。なかやまきんに君の「どっちなんだいっ!?」（※3）みたいなこと言ってんのよ（笑）。

そしたら井上が「どうだ、引っ張り出すぞ、お前ら！」って言うから、俺たちも「引っ張り出してくれよ、早く」って思ってたら、長渕さんが照明のスタッフに「LED消してくれ、ニセモノが見たいんじゃない、太陽が見たいんだ！」つって、もう全部電気消して。

夜からやって9時間目ぐらいよ。長渕さんは歌いっぱなしで、声がまったく枯れてないんだよ、すごくない？　客のほうが枯れてんだよ。バックバンドのアーティストの皆さんのほうが疲れてる。長渕さん、全然元気なの。井上は「さあ昇ると思う？　昇らないと思う？　どっちだ！」って目がギンギンで（笑）。「うぜえー！」と思ってると、長渕さんが「富士の国」っていう曲を歌い始めるんだけど、**そっから20分、同じ歌を歌うんだよ。**

20分ぐらい歌っても、上がってこない。俺も心の中で「これもしかしてだけど、この富士の歌、歌うタイミング間違えたんじゃないかな？」って思っちゃって。20分歌ってっから、太陽待ちで（笑）。そしたら、井上が「たぶんだよ、佐久間、**歌うタイミングがちょっと早かったんだと思う**」って。ウハハハハ。井上は会場にも行ってたんだけど、「たぶん歌うの早かったんだろうな」と思いながら、ずっと手を挙げてたんだって。長渕ファンの皆さんも、10万人以上いて全員「おうっ！　おうっ！」を20分以上やってんの。9時間やったあとでも、誰もテンション下がらない。

「おうっ！　おうっ！」ってやってくうちに、俺たちも20分観てるわけだから、どんどんトランス状態。「もういいだろう……」と思ったのが、徐々に「上がれ！　引っ張り出せ！」ってなってて。もう酔っ払ってるのもあるから、「俺らの声援がたりないからじゃないか？」って、「おうっ！　おうっ！」って言ってたら、やっぱ上がってくんだよ、太陽は。富士山のところに上がってきて「引っ張り出されてきたー！　上がったぞー！」って言って。会場はみんな泣いてて、井上をパッと見たら、ちょっと泣いてて。

「マジで、なんて年末だ……」と思いながら、それでも俺たちも盛り上がったんだけど、さすがに残り1時間ぐらいは長渕さんのことを忘れて飲みたいから、「『アメトーーク！』観せてくれ。井上、もうDVD片付けろ」つって。で、チャンネルを『アメトーーク！』に変えたら、フットの後藤さんが「STAY DREAM」歌ってたんだよ（＊4）。ウハハハハ！

「こっちでも長渕かよ！」って思って（笑）。っていう出来事が年末にあった。今年はそういう遊びをいっぱいしたいと思う。ハハハハハ！　そのときにやっぱ思った、「大学の友達と飲むの楽しいな」って。

だって、長渕のDVDを観るムーブ、後輩にできないじゃん。こんなのパワハラじゃん。でも、俺たちはもう付き合いが25年ぐらいあるから、まあ付き合えるんだよ。誰かのわがままに付き合えるっていう、大学生より大学生の飲み方。フハハハハ。ベテランだから。

（※1）長渕剛主演のドラマ『とんぼ』（TBS）のDVDを忘年会でずっと観せられたという話。本書の第1弾、『普通のサラリーマン、ラジオパーソナリティになる』（扶桑社）の「年末年始」に収録。

（※2）静岡県富士宮市にあるキャンプサイト。

（※3）なかやまきんに君が、「おいっ！　オレの筋肉！　○○するのかい？　しないのかい？　どっちなんだいっ!?」と自身の筋肉に問いかけるギャグのこと。

（※4）『アメトーーク！』（テレビ朝日）では、長渕剛を愛するフットボールアワーの後藤輝基が、「STAY DREAM」を歌いながら周囲の芸人に「剛！」というコールを求めるがうまくいかず、ツッコみ続けるというくだりが恒例になっている。

この日のプレイリスト　スピッツ「歌ウサギ」

この日のおすすめエンタメ　小説『名探偵のままでいて』（小西マサテル）

父なる証明

2023年3月15日放送

人生、試される瞬間ってあるじゃないですか。不意に訪れるチャンスというか、チャンスでもあり、ピンチでもあるみたいな。それを乗り越えると評価されたり信頼されたり、逆に失敗するといろんなものが遠ざかったりする。こういう瞬間は誰にでもあって、わくわくする人もいると思うんだけど、怖くもあるみたいな。俺は、どっちかっていうと怖いほうなんですよ。「失敗したらどうしよう」って思っちゃうほうなんだけど。

先週、久々に来たんです、その瞬間が。夜、部屋で仕事してたら、部屋の扉がガチャッと開いて、「パパ、この瓶開かないんだけど、開けて」っていう。娘から「**瓶の蓋を開けてくれ**」って言われるやつが久しぶりに来たんです。その瞬間、思ったのよ、「はいはい、来ましたね」と。

まず、俺と瓶との格闘の歴史を1回話させてほしいのね。昔はもうパカパカ開けてた。娘が幼稚園のころとかだと、ちょっとしたちっちゃいものも開かないわけよ。そんなのも「貸してみろよ」っつって、パカッと開けてた。ジャムの瓶、「ごはんですよ！」、スイーツ、ヨーグルト、パカパカ開けてた。俺も30代だったから、そのときはもうなんでも開けてくれるスーパーマンですよ。「この人に頼めば大丈夫！」っていう目で娘が見てた。

それが最初に「強敵だな」と思ったのは、6年ぐらい前なのね。娘が小学校3年ぐらいのころ、秋、軽井沢かな。旅行先で買った、でかい瓶ジャム。ちょっと寒いころで、「すぐ開けて」って言われたけどキンキンに冷えてて、握ると冷たいわけ。開かないかもしれないと思って、「ちょっと待って。手が滑るな」って言ったの。俺も、6年前にして初めての経験だった。

パッと娘見たら、「えっ、そんなことあるの？」って顔してるのよ。初めてスーパーマン神話が崩れたから。正直、今までも厳しいときはあったけど、ごまかせてた。だけど、そのときは冷たくて無理だったから、「手がかじかんで無理だわ！」って言ったら、ドン引きみたいな空気になって。

だから、「もう俺の手、ぶっ壊れてもいいから開ける！」と思って。アハハハハ。「2度と編集なんかできなくてもいい！　2度とFinal Cut（※1）が使えなくてもいい！　カンペ出せなくてもいい！　ごめんな！」っていう気持ちで、フハハハ、「いけーー！」って開けたの。でもそのときから、毎回ドキドキするようになったわけよ。5〜6年はなんとか乗り越えてきた。ふるさと納税の鮭フレークとかイクラとかホタルイカの沖漬けとか、全部開けて「すごいね、パパ」って言われてきたんだけど、中学になって頼まれる回数が増えたのよ。

娘がお菓子づくりに目覚めて、マーマレードとかジャムとかバターとか、そういうのを開ける機会が増えて。特にマーマレードって固まるじゃん。マーマレード、なかなか開けづらいんだよ。だから俺は時々、マーマレードを頼まれる前から何回か開けてて。アハハハハ！　わかる？　不意に開けると固まってるから、**俺は娘の使うジャムとかマーマレードは事前に仕込んどいてたんだよ！**　ウハハハハ！　ちょっと冷蔵庫のぞいてパキパキ開けといて、ンフフフ、そういうのやってたんだよ。

でもね、そんなときに、１コ問題が起きたの。どうやら俺がいないときにお菓子づくりして、蓋が開かないことが何回かあったらしくて。あるとき家帰ったら、黄色のゴムの万能キャップオープナー、瓶の蓋にゴムのラバーみたいなのくっつけて、テコの原理を増やして開けるってやつ。そいつが登場してたのよ。

そしたら、格段に頼まれる回数が減ったの。俺は心の中で**「いや、そんなよくわかん**

ねえ外国人みたいなヤツに頼ってんのかよ」と思って（笑）。どこの馬の骨かもわかんない、ポッと出のヤツに娘を持ってかれてさ。簡単に開くものは全部キャップオープナーに任されるわけ。俺にはけっこうな強敵しか回ってこないわけよ。「オープナー＋俺」じゃなきゃ開かないやつね。毎回集中力とパワーが必要だったから、マジで泥臭く勝ってきたんだよ。

それが1年前、ついに本当の大勝負みたいになって。いただき物の千疋屋のフルーツポンチが、瓶が太くてでかくて、蓋もでかいやつだったのね。だから、左手も持ってかれるし、右手も持ってかれる状態。俺が帰ってくるの待ってた娘に、「これ開けて。食べたい」って言われたから、ガッてひねったけど開かない。オープナーを使ったけど、オープナーよりも瓶がちょっとでかいから開かない。左手にもっと力入れても開かない。

そのときに、１コあきらめようと思って。今までは娘の目の前で開けてるから、カッコつけてたのよ。もうそれやめようと思って。「ちょっとパパ、本気出すから」つって、「ウワーッ！」って声を出しながら開けたわけよ。全然開かないの。「ウー！　ァアー！　ウァー！」ってやって、それでやっとパキッといったの。ものすごく苦労して開けたんだけど、娘に渡しながら「うん、まあまあキツいな、これ」つって。アハハハハ！

それが1年前ね。そのときに、もう潮時かな、引退の時期かなと思ったのよ。その日の夜、俺もよくわかんないんだけど、ネット検索しながら「瓶の蓋　開かない」って検索したの。ハハハ。同じ気持ちの父親がいるんじゃないかと思って。そしたら、ある動画を見つけたの。それが、「料理番組の撮影中に、お父さんに助けてもらう娘」みたいな動画で。

海外の料理番組、『料理の鉄人』(※2)みたいなやつに、アラサーぐらいの女性シェフが出てるのよ。そのシェフが時間に追われながら料理してるときに、食材の瓶を開けようとしたら開かないわけ。自分のエプロンでやっても開かない。もう時間に追われてるじゃん。「ヤバい!」と思った瞬間、客席に走ってくの。そしたら、50代か60代ぐらいのシェフの父親がいて、そのお父さんに渡すのよ。お父さんが「はい来た!」みたいな感じで、「ウァー!」って開けるの。で、それを受け取ったシェフが調理を開始して、会場大拍手って動画なのね。

それを観て、「うーわ、俺もこうなりたい」と思うじゃん、やっぱ。娘が20代、30代ぐらいまではがんばりたい。「俺はまだ死んじゃいねえぞ」と思って。俺、そのままAmazonで握力鍛えるハンドグリップ買ったの。ウッハハハハ!

そういう下地があって、実は俺、たまにその動画を観ては、高校生だから瓶の蓋を開けるのも頼まれなかったけど、ずっと握力を鍛えていたんですよ。その上での、先週の「パパ、この瓶開かないんだけど、開けて」だったわけ。

それを背中で聞いて、振り返ったらもう高1の娘ですよ。妻と同じ身長です。その手元には、1年前と同じ千疋屋のフルーツポンチの瓶があったんです。もう一方の手には、ゴムのオープナーですよ。同じ条件。でも、全然違うんですよ。俺は1年、握力鍛えてっから。あと、体も絞ってっから。ちょっと痩せてるから。ンハハハハ。1年前の俺とは違うんですよ。「貸してみなさい」つって。

「千疋屋ぁ、久しぶりだな」つって。ウハハハハ！　うん、開かないんだよ。でもそれは想定内。まだオープナーは使ってないからね。前回オープナーで必死に開けたから、今回はオープナー使えば楽勝だろうと思って。1回感触を確かめるぐらい。で、オープナーをくっつけて回して、「一気に開けるぞ」と思ったら、ぐるんて滑るわけ。オープナーを使ってんのに、グリップが効かないのよ。「え、なんで？　こいつも1年鍛えてきたのか？　千疋屋！」って思ったんだけど、そんなわけはないから。開けたら、オープナーの中側がボロボロなんだよ。もうグリップ効かない感じになってんの。

「うわ……オープナー、お前も数年、娘を支えてきてくれたんだな。お前、もう限界だったんだな」って。「お父さん」って聞こえたよ、オープナーからね（笑）。初めてオープナーが、俺を「お父さん」と呼んでくれた。ハハハハハ。「お父さん、もう僕は限界です」って聞こえたんだよ。

それで、「任しとけ、俺がひとりで開けてやる」つって握ったの。だけど、なかなか開かなくて。娘に「お父さん本気出したいから、ちょっと外してくんねえか」って言って（笑）。「え、どういうこと⁉」っていう。で、上半身の服を脱いだの。要は、体中にグリップを効かせたかったわけ。トレーナーだと滑っちゃうから。脇のほうでガッとつかみ込んで、ガッと絞りながら、

「ウァー！ 開けてやるよ、千疋屋！」って言って。

で、ゆっくり開けてるぐらいのときに、部屋の外から「パパ、無理しなくていいよ」って娘が言ったのよ。「湯煎すればいいんだから」って顔出して言うから、俺、上半身裸だったんだけど「そういうことじゃねーんだよ！」つったのよ。ハハハ。これは違うんだよ。湯煎するとかそういうことじゃなくて、父の証明だから。「父なる証明」⁉3？ ハハハハハ。「開けなきゃいけないんだよ」って言って、「ウァー！」って開けてて。そしたら、パキッて蓋が開いたの。

体中で挟んで開けてるから、遠心力みたいなのあんのかな。フルーツポンチの3分の1ぐらいが、なんかブワンッて飛び出て、桃の一番大きいやつがビチャッて俺の足の上に落ちたんだよ。「どうしたの？」って娘が来たから、「開いたよ」つって渡したんだけど、残り3分の2ぐ

らいのやつね。

「この桃？　パパが食べるから大丈夫」って言って。娘は「あ、ありがとう」って言っていなくなったのよ。桃食べたあと、パソコンに向かって「野田クリスタル　ジム」（※4）って調べた。ウハハハハ！

（※1）　Appleの動画編集ソフト。
（※2）　一流の料理人たちがキッチンスタジアムで料理の腕を競う、1993年から1999年までフジテレビ系で放送されていた料理バラエティ。
（※3）　2009年に公開された、ポン・ジュノ監督による韓国映画は『母なる証明』。
（※4）　マヂカルラブリーの野田クリスタルは、自身が発案したパーソナルトレーニングジム「クリスタルジム」のジム長を務めている。

この日のプレイリスト　LAUSBUB「Sports Men」
この日のおすすめエンタメ　ドラマ『THE LAST OF US』

結婚式

2023年3月29日放送

先週末、結婚式がありまして。シオプロっていう制作会社の女性プロデューサーが結婚したんですよ。『ゴッドタン』『チャンスの時間』『バナナサンド』とか、お笑いの仕事しかしてなくて、一番好きな芸人がマシンガンズ。ウハハハハ！　俺はもう11年、ずっといっしょに仕事してるんですよ。

お相手もテレビ関係の方で。テレビ関係者の結婚式でよくあるのが、披露宴のときに、一緒に働いてるメンバーがつくったＶＴＲが流れるんですね。そこはやっぱ本職だし、同業者も見てるからウケないといけない。それで、お笑いの鬼・シオプロがね、社員第1号として10何年働いて、ＡＤからも慕われてる女性プロデューサーが結婚するってことで、最大勢力でＶＴＲをつくってるっていう噂を聞いたんです。

まず、社長が編集してるっていう。で、エースのディレクターたちも続々と集結して編集してる。ＡＤも持ち回りで、みんなやってるって聞いて。それを全部束ねる脚本・構成は、オークラさんがやってますと（笑）。

当日、結婚式の日ですよ、朝10時ぐらいに会場に集まったときに、続々と集まるＡＤの顔がちょっと疲れてるの。この日に向けて、何徹かしてきたんじゃないかと。ＡＤたちが、大特番をつくり終えて、あとはオンエアを待つだけの顔してるの。ハハハハハ！

まず結婚式ね。新郎見たら、すげえイケメン。「え、あいつ、こんなイケメンと結婚したの？」って、そこで初めて知ったんだけど、そのあと、うちのプロデューサー、新婦が入場してきたんですよ。

もちろん素敵なドレスで美しい、もともときれいな人なんだけど。「やっぱ衣装着たらかわいくなるな～」みたいなこと言ってて、パッて見たら、なんか30前後の男が泣いてんですよ。「え？」っと思ったら、『チャンスの時間』のチーフＡＤが泣いてんのよ。ンハハ。宮下草薙の草薙（航基）そっくりなヤツなんだけど、俺、最初弟かと思ったもん。親族より先に『チャンスの時間』のＡＤが号泣するっていう（笑）。それくらい、シオプロの若手社員にとってはお姉さん的な存在なんだなと思って。

で、そのときにちょっと思ったのが、思ったより規模でけえなって。結婚式の時点で50〜60人いて、披露宴になったら100人以上いるなと思って。俺、「乾杯のあいさつをお願いします」って言われてたから、ちょっと緊張し始めて。

俺ね、乾杯のあいさつでちょっと悩みがあって。5年ぐらい前までは別によかったの。普通に少し笑いのある話して、少しいい話すればよかったんだけど、ラジオ始めてからなんだよ。普通のスピーチすると、「あれ、なんかおもしろくねえな？」みたいな空気になって、なんだったら、「佐久間さんって、けっこう真面目なんですね」って言われたりするのね。いや、普段からラジオのトーンでしゃべるヤツいる？　フハハ。でも、どんどん期待されるようになってて。だから、もう用意したスピーチはやめて、ノリをよくして話そうと思って。

俺のテーブルは、オークラ先生、シオプロの社長・塩谷（泰孝）、『チャンスの時間』の演出で、『あちこちオードリー』でもよく見切れてる斉藤（崇）ディレクターとか、『ゴッドタン』を昔からやってるディレクター陣がいて。

で、オープニングＶＴＲが流れた。まだ新郎新婦いないんだよ。SAKEROCKの音楽が流れて、新郎と新婦の昔から今までの写真がどんどん出てくるのよ。これってさ、普通の披露宴だったら、メインのとこで出てこない？　新郎新婦が出てくる前に、秘蔵写真みたいのが全部出てくんの。その時点で気づいたんだよね、「ハハ〜ン、中はパンパンだな」っていう。ウハハハハ。

でも、その女性プロデューサーは、すごい優しいヤツなんだけど、お笑いオタクでちょっとネガティブだから、そんなに笑うとこ見たことないのよ。褒めても、「いやいや、私なんて……」ってタイプなの。それが新郎とのツーショット写真だと、もうとんでもない笑顔で。お笑いの鬼のプロデューサーがだよ、「ゴイゴイスー」（※1）やってんだもん。「うわ、こいつ幸せなんだなぁ」って思って、ちょっとグッときたりしてて。そして、新郎新婦が登場して、その時点でもう何人か泣いてる人がいる中、席に座って。

俺のあいさつの前に、新郎の上司が話すんだけど、その新郎も国際部とかでディレクターやってらっしゃった方で、上司のあいさつの途中で、「○○くんが国際部で仕事したときに、各国の大使の方とかと知り合っていたので、ここでVTRがあります」って。各国の大使が「おめでとう」みたいな感じのVTRが、7〜8本出るのよ。俺の乾杯のあいさつ前に、VTRが2本出てんだよ。フフフ。「長くなるぜ、この式〜！」って思って。

で、そのあと俺の乾杯のあいさつ。俺のあいさつは割愛するよ。おかげさまで、それなりにちゃんとウケました。そのあと、ケーキカット、ファーストバイトとかがあって、ウルフルズの「バンザイ〜好きで良かった〜」が流れたり。ウルフルズの「バンザイ」ってすげえな、まだ耐用期間あったんだなと思ってたら、写真撮影があって。

お色直しで新風と新郎がいなくなったぐらいから、俺は自分の責務が終わったから、ビールとか飲んじゃってご機嫌なんだよ。だけど、そのぐらいから俺のテーブルが緊張感でピシッとなり始めて、オークラさんと塩谷がひとこともしゃべらなくなって。なぜなら、これから100人の前でVTRが流れるから。

新郎と新婦が高砂に戻ってきて、「ここで皆さん、いよいよVTRが流れるんですけども〜」ってなったら、塩谷が「佐久間さん、今回VTR、2本あります。最初は新郎新婦がお仕事した人のお祝いコメントです」って言うんだけど、俺、出た人メモっちゃったんだよ。堀潤さん、アルコ&ピース、おぎやはぎ、劇団ひとり、サンドウィッチマン、バカリズム、錦鯉、千鳥、バナナマンって……。フハハハハ。見たことないんだけど、こんな豪華なやつっていう。フッハハハハ。すごいんだよ。**マジで客入れたほうがいいよ、このVTRっていう。**

しかも、全員長く仕事してるから、通り一遍のあいさつじゃないのよ。ちゃんと思い出語って、みんな爆笑取んのよ。特に最後のバナナマンなんて、その2〜3分、爆笑取り続けて、いい話もしてね。千鳥もすごかったな。まず、大悟さんが何言っても、「お前が言うな」ってのあるじゃん。その笑いもあるから、おもしろかった。おぎやはぎも適当でおもしろかったな。

そのぐらいから、塩谷がチラチラ新郎新婦を見始めて、俺に「佐久間さん、やっぱりでかいハコって、フリがベタなほうがウケますね。ちょっと反省です」とか言って。「やめろって。ここで反省すんな。あと、『でかいハコ』とか『大バコ』って言うな、披露宴を。ライブじゃねーんだぞ」って言ってたら、もうひとつのVTRが流れますってなって。

スピーチした塩谷が、「これから私たちがつくったVTRが流れます。ちょっと長いです、最初の編集では30分ありました。それを10何分に短くしました。めちゃくちゃおもしろいです」って言い始めて。アハハハハ。ホントだよ？「皆さん、笑ってください」って。主役じゃないんだから。舞い上がりすぎて、緊張がピークで、「めちゃくちゃおもしろいです」って言い始めたの。

で、馴れ初めVTRが流れたの。まず、真っ白なスケッチブックに文字が手書きで出始めて。東京03の幕間VTRとか、東京オリンピックの競技紹介であった、ニイルセンっていうデザイナーがやる、すごい勢いでホワイトボードにイラスト描いてって、それがすごいスピードで進んでってアニメーションになるっていう、とんでもない描き込みのやつが流れ始めたの。新郎が入社して新婦に出会うまで、新婦がシオプロに入社して新郎に出会うまでぐらいを短くきれいにまとめたすごいアニメ。ナレーションが、東京03の飯塚（悟志）さん。

「そしてふたりは出会ったのです」ってなって、バーで出会ったらしいんだけど、ドラマの映像みたいになって、新婦が顔を上げたら、朝日奈央。新郎が東京03の角ちゃん（角田晃広）。そこで塩谷が「1日スケジュールもらってロケしたんで、ドラマと同じぐらいカット割りしてます」つって。ンハハハハハ。東京03のスケジュール1日に抑えちゃったから、新郎の友達のどうでもいい役、とよもっちゃん（豊本明長）がやってんだよ。セリフないんだぜ。エキストラでとよもっちゃん出てるの。フフ。

それで、出会いのシーンとかやってるんだけど、その女性プロデューサーはもともとが地味なヤツだから、そんなに強いエピソードがないのよ。「これ、どうやってドラマ化すんだろうな」と思ったら、「カット!」ってなって。急にバラエティーの画角になって、そこに今までナレーションやってた飯塚さんが入ってきて、「ちょっと弱くない?」みたいなイジリをするのよ。要は、しっかり撮ったドラマのシーンがフリで、メタで飯塚さんがツッコんで爆笑取るんだよ。すごい構成じゃない?

そのあと、ドラマが4シーンぐらいあるのよ。唯一おもしろかったのは、付き合って2周年かなんかのときに、女性プロデューサーは「さすがにプロポーズされるだろう」と思ったら、新郎がしなかったっていうところ。そこで「ここしかないでしょ！」って怒って、何か月後かにプロポーズしてよって言って、自分でプロポーズ段取って、その通りに新郎がプロポーズしたのに、**そのプロデューサーが泣いた**っていう事件があって。ドラマで再現したあと、飯塚さんが入ってきて**「なんで泣けんの？」**って言った瞬間、会場、どーん！　すごい構成。テレビのVTRと一緒。オークラさんが全部脚本書いてるの。

大爆笑があって、「これで終わるな。すげえVTRだったな」と思ってたら、暗転するぐらいのときに、オークラさんと塩谷が俺のほう見て「佐久間さん、ここからあれいきます」って。そうだ、このすごいVTR、全部前振りなのよ。

暗転して、VTR終わったなと思ったら、実は本当のサプライズはここからなんですよ。みんな終わってると思うから、大拍手。でも暗転して暗いまま。「どういうこと？」っつったら、VTRが黒のままフェードインしていくんですよ。そこに映っていくのが、**GENTLE FOREST JAZZ BAND、東京03と俺。武道館です。Creepy Nuts、**「お～」ってみんな言ってる。どういうことかと言いますと、「FROLIC A HOLIC」の現場なんですよ。FROLIC A HOLICのエンディングテーマをオークラさんが作詞したんだけど、実は、同時に披露宴の馴れ初めVTRの出来事とかも全部踏まえて伏線に入れてある、そのプロデューサーの人生を綴った歌を作詞してあったんですよ。それを、GENTLE FOREST JAZZ BANDの演奏で、DJ松永がDJやって、R-指定が歌うっていうVTRが流れるんだよ。

すごくない!? FROLIC A HOLICつくりながらだよ。フフフ。みんな1日目終わってヘトヘトの中、2日目のリハやるちょい前に集まって、ちょっとだけ撮ったんだよ。それがめちゃくちゃいい曲なのよ。いろんな苦労してきたけど、全部お前は笑顔でやってきてくれた。ただ、何が楽しいのかわかんなかったと。喜ばないし。でも、その新郎と出会って、お前の本当の笑顔を見たよ。それが幸せなんだな、みたいな歌をR-指定が歌って。

いい曲だったんだろうね。「1~2テイクで全然いいですよ。ありがとうございます」って言ったのに、「すいません、もう1テイクやらせてください」ってR-指定が歌った、その曲が流れている途中、やっぱ会場みんな泣いてる。新郎と新婦を見てみたら、新婦はもう泣いてる。それ伝えようと思ったら、オークラと塩谷、全然新婦のほう見ないの。ふたりが泣いてんのよ。フフフ。

「ダメだこれ、俺が撮るしかない」と思って、スマホで新婦撮って。「なんだよこれ！　テレビマンだろ！」と思いながら、「塩谷泣いてんだけど！」って斉藤さんに言おうとしたら、『チャンスの時間』つくってる武闘派みたいなディレクターの斉藤さん、号泣。ハッハッハ！「なんだお前は！」っていう。「もうダメだ、ダメだ！」と思って（笑）。すげえ披露宴だったなってなったんだけど、そのあとオークラさん、打ち上げ7次会までやったって。ウワッハハハ！

（※1）ダイアン・津田篤宏の代表的なギャグ。

この日のプレイリスト 乃木坂46「人は夢を二度見る」

この日のおすすめエンタメ 舞台『たぶんこれ銀河鉄道の夜』

佐久間宣行の一問一答

「佐久間さんのこと……もっと知りたい！」そんな佐久間ファンのために、どうでもいいことから、ラジオのことまで、さまざまな質問に答えてもらった。

■たけのこの里ときのこの山なら、どっち派？

たけのこの里。

■死ぬ前に食べたいものは？

とんかつ。

■座右の銘は？

「カラ元気も元気」です。

■好きな色は？

青。

■カレーのルウといえば？

ジャワカレーの中辛。

■行きたい場所はどこ？

そりゃハワイですよ。でも、パスポートが切れてて、取りに行く時間がないんですよね。

■ハワイ以外に行きたい場所は？

プーケットに行きたいですね。フリートークでも話しましたけど、日本に食べ歩きに来た富豪の夫妻と知り合ったんで。

■銭湯では隠す派？オープン派？

隠す派かな。

■得意な家事は？

料理。

■参考にする料理本やレシピはある？

栗原はるみさんの本とか、なんでも見ますよ。あと、リュウジさんとか、「賛否両論」の笠原将弘シェフのYouTubeチャンネルも観たりします。

■得意料理は？
オムハヤシです。娘の好物なんで。

■思わず出るいわきの言葉は？
一番はやっぱり「あるって（歩いて）」ですね。あとは、実家に帰ったときだけ「うるがす」って言葉を使います。使った食器を水に浸しておくっていう意味なんですけど。

■鯛焼きはどこから食べる？
頭から。

■ラーメンを食べるときは、スープから？麺から？
スープ。

■ラーメンはスープまで飲み干す？
飲み干さないです。

■そば派？うどん派？
完全にそばです。くるみそばが好きですね。

■初恋はいつ？
覚えてないけど、小学3年か4年ぐらいじゃないかなぁ。クラスの男子みんなが好きになるマドンナみたいな子がいて、友達みんなでその子の家の前を自転車で通り過ぎるっていう、謎の行動をしてたんですよ。それに付き合ってたってことは、僕も好きだったんじゃないかなって。

■平均睡眠時間は？
6時間ぐらい。

■スマホの入力は？
フリック入力。

■PCのキーボードはすべての指を使って打てる？

はい、ローマ字入力で。でも、小指はあんまり使わないかもしれない。

■酔って記憶を失ったことはある？

1回もないです。お店とかタクシーでちょっと寝ちゃったことはあるけど、記憶をなくしたり、公園で寝たりしたようなことはないですね。

■カラオケの十八番は？

カラオケって、娘が小学生のときに付き合いで行って以来、たぶん行ってないんですよね。十八番はもちろん、秋元康さんがつくってくれた持ち歌の「俺のベビースターラーメン」です。

■宇宙人が来たらどうする？

様子を見る。

■繰り返し観る映画は？

北野武監督の『ソナチネ』や『キッズ・リターン』、岩井俊二監督の『打ち上げ花火、下から見るか？横から見るか？』、クエンティン・タランティーノ監督の『パルプ・フィクション』とかですかね。どれも1993年から96年ぐらいの作品で、上京の前後から21歳くらいまでに出合ったものが人生を決定づけたような気がします。

■「これはすごい！」と思った韓国ドラマは？

『ウ・ヨンウ弁護士は天才肌』は素敵だったと思います。自閉スペクトラム症を持つ主人公を演じたパク・ウンビンの演技力がすごかったです。

■目玉焼きの味つけは？

ご飯で食べるのなら、お醤油とマヨネーズちょっと。パンなら塩コショウ。

■**得意なスポーツは？**
剣道とバスケットボール。

■**汗っかきなほうだと思う？**
そう思います。そんなに強烈じゃないけど。

■**ひと言で言うとどんな性格？**
起伏がない。穏やかというか、すべてのことに対して、あきらめてるのかもしれない。

■**昔の出来事はよく覚えている？**
子どものころのこととか、昔のエピソードもわりと鮮明に覚えてます。ただ、人の名前とかは全然覚えられないんですよね。

■**宇宙に行きたいと思う？**
安全に行けるのなら行きたいです。

■**老後の夢は？**
ずっとゲームをやっていたい。最近やれていないので、最新のゲームに追いつけないくらい衰えちゃうのが心配です。

■**子どものころ、好きだったアニメは？**
大長編ドラえもんのシリーズ。漫画なら、やっぱり『こち亀（こちら葛飾区亀有公園前派出所）』かな。

■**今まで飼ったことのある動物は？**
猫と亀。

■**もしも1億円あったら何に使う？**
使わない、というか使えない。もう買うという行為に時間を使うのがイヤで。全部妻に渡しちゃうんじゃないかな。いいホテルに泊まるのは好きなので、それに使うかもしれないけど。

■人生で一番影響を受けた人は？

おふくろですかね。とにかくめちゃくちゃいいヒトなんですよ。

■時間があったらやってみたいスポーツは？

もう1回、バスケがしたいです。

■お風呂に入ったら、どこから洗う？

頭です。最初にシャンプーします。

■お風呂にかける時間はどのくらい？

急いでなければ20分ぐらい。30分以上入ってると、家族にキレられるんで。

■将来住んでみたい場所はある？

いずれ週に1～2回だけ東京に来ればよくなるとしても、熱海ぐらいがいいかな、と思います。

■今までで一番お風呂に入らなかったのは何日？

9日ぐらい。『ゴッドタン』含めて3番組の立ち上げを同時にやっていた2007年、30歳のときが一番忙しくて、9日間ぐらいずっと会社に泊まったことがありました。

■ホテルの朝食は和食派？洋食派？

基本的に洋食です。

■靴ひもを結ぶときは右から？左から？

左。

■子どものころのあだなは？

さくちゃん。

■多少の雨なら傘はいる？いらない？

いらない。とにかく何も持ちたくないので。

■四季で一番好きなのは？

最近は10月近辺の1週間ぐらいしかない秋です。夏は好きだったんですけど、ちょっと僕の知ってる夏じゃなくなったんで。

■エンタメを楽しむためとはいえ、「無理があったな」「もうやめよう」と思ったことは？

どうしても読みたい漫画をいつでも読めるように、電子書籍と紙の本、両方買っていたことですね。紙の本で集めていた漫画に限ってのことですが、さすがにお金のムダだからやめようと思いました。

■挑戦してみたいファッション、コスプレは？

ないですね。自分にとっては、普段着てるような黒い服以外は全部コスプレなんですよ。番組で着る色のついた衣装とかもコスプレみたいな感覚です。

■ラジオパーソナリティとして言ってみたい言葉は？

セリフみたいなのはないかな。最終回を迎えたときに、ちゃんと感謝の言葉を述べたいとは思いますけど。

■ラジオ前のルーティンは？

ラジオの日は、だいたい夜9時ぐらいに収録から帰って軽くごはんを食べます。お風呂に入って、少し仕事をしてから、11時～12時30分ぐらいに仮眠を取る感じです。起きたら、ラジオ用のバッグを持って1時～1時30分の間にニッポン放送に行きます。ニッポン放送に着いたら、まずディレクターの齋藤（修）くんと作家の福田（卓也）くんと、オープニングで扱うニュースやオンエアに関するもろもろについて打ち合わせ。その後、メールを読んだり、福田くんにフリートークやオープニングで膨らませられそうなネタなどについて相談したりします。2時45分ごろにスタジオに行って、ジングルふたつとおすすめのエンタメを録ったら、トイレに行って水とエナジードリンクを購入。ほかのみんなはタバコを吸いに行ったりしてるので、ブースにひとりでオープニングトークを整理したり、アレルギー用の点鼻薬をさしたり、秋花粉の時期には目薬をさしたりします。本番5分前から30秒前くらいまでは、たいてい福田くんとダラダラ話していて、本番直前にカフを上げてスタート、という感じですね。

■最近、注目しているラジオ番組は？

マユリカのポッドキャスト『うなげろりん!!』。ふたりとも人間的にダメなところがあって、トークが達者。その感じがすごくいいんですよね。

■リスナーからのメールで、ちょっと引きずってしまったものは？

基本的に引きずったりはしないけど、「仕事が忙しい」って言ってたら、「黙って働け」っていうメールが来たときは「そりゃそうだよな……」と思いました。「でも、黙ってたらラジオになんねーしな」とも思ったけど。

■番組に関する印象的なワードは？

やっぱり「ゴキダウン」かなぁ。

（※長年愛用し黒光りした佐久間のダウンジャケットをリスナーがゴキブリ呼ばわりした）

■「やっぱり俺、ラジオジャンキーかも……」と思ったことは？

ラジオが本業の邪魔になってると思ったことがないことですかね。本業のあるパーソナリティは、そっちが忙しくなってラジオをやめたりするじゃないですか。でも、僕にとってラジオはストレス解消になってるし、ラジオがあるからほかの仕事もうまくいってる。90分も長々しゃべるってね、お酒飲むよりも楽しいんですよ。

■ラジオで手ごたえがあったときのご褒美は？

そのときの出来で自分を甘やかしたりはしないです。そんなに余韻に浸ってるヒマもないので、やることはいつも同じ。家に帰ったらちっちゃい缶のビールをちょっと飲んで、『あちこちオードリー』か『ゴッドタン』の直したVTRのプレビューをします。プレビューしてメールの返信が終わるのが、だいたい6時過ぎで、4～5時間寝てから『ゴッドタン』の収録に行くパターンが多いです。そんな感じでルーティン化しないと、今年なんてどっかで破綻してたと思いますね。

■「これはダサくない！」と思っているお気に入りのアイテムは？

ちょっと高いアウターとかは妻が買ってくれるので、それは気に入ってます。僕と違って妻はセンスがいいんですよ。

■ラジオのゲストに誰でも呼べるとしたら、誰を呼ぶ？

会ったことがなくて、話を聞いてみたいのは（北野）武さんです。

■個人的にお気に入りのフリートークは？

トイレで見かけた食べかけが入ったコンビニの袋を捨てようと思ったら、中に漫画『呪術廻戦』が入っていたので、トイレに戻そうとした話（２０２３年11月15日放送）。ちっちゃい話なんだけど、けっこう記憶に残ってたエピソードなので。

■最近、ついカッコつけてしまったことは？

人は建前で生きてるから、やっぱりカッコつけちゃうんだよなぁ。最近は、「忙しいんじゃないですか？」って言われたら、「寝てないんじゃないですか？」って言われたら、寝てなくても「いや～、寝てますよ」って言っちゃうことかな。そこで「寝てないです」って言っても、話が膨らまないし。

■「ビートルズを聴く」以外にインスピレーションが湧くことは？

スマホから離れて情報を遮断することですね。スマホを触らなくていい状態を強制的につくるために、サウナや映画館に行っています。だから、サウナに行くといっても、「ととのいに行く」という感覚とはちょっと違うかもしれないです。

■「ラジオやっててよかった～」と思ったことは？

ラジオを5年も続けてきたことで、番組がリスナーの人生のお供になっていると感じられたことですね。1～2年だと単に「おもしろいよね」くらいなんだけど、5年になるといろんな人の日常になっているという声が届くようになって。自分にとってもラジオが日常だったのは中2から高3までの5年間なので、同じ期間番組を続けられたのも感慨深いものがあります。

佐久間宣行事務所 間取り図

フリーになった佐久間が自宅に設けた城「佐久間宣行事務所」を大解剖。
本人の説明をもとに作成した、一流の建築士の手によって生まれ変わった
オフィスの間取り図を紹介しよう。

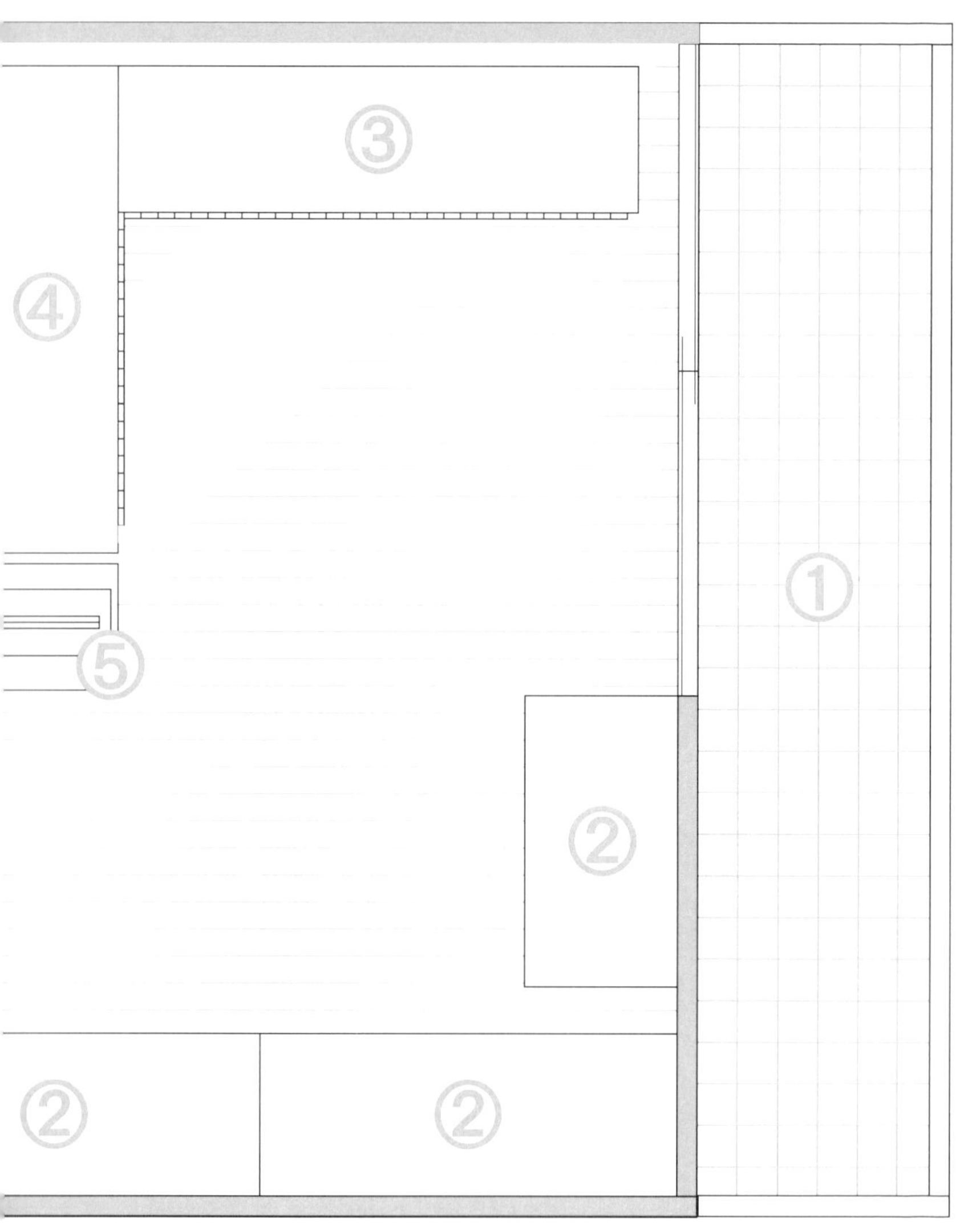

⑦ デスク
⑧ パソコン
⑨ AKRacingのチェア
⑩ CPAP
⑪ ベッド
⑫ マガジンラック

① ベランダ　③ 本棚　⑤ シュレッダー
② タンス　④ 資料棚　⑥ 棚

佐久間宣行のオールナイトニッポン0（ZERO）

パーソナリティ
佐久間宣行

ディレクター
齋藤 修（ミックスゾーン）

構成
福田卓也
チェ・ひろし

AD
佐々木光輝（ミックスゾーン）

ミキサー
寺本 剛（ミックスゾーン）

プロデューサー
田口真也（ニッポン放送）

ラジオパーソナリティ佐久間の話したりない毎日
佐久間宣行のオールナイトニッポン0（ZERO）2022─2023

企画
小川勇樹（ニッポン放送）
川原直輝（ニッポン放送）

編集
後藤亮平（BLOCKBUSTER）
小澤素子（扶桑社）

編集協力
森野広明
安里和哲
遠藤まり子（BLOCKBUSTER）

デザイン
山﨑健太郎（NO DESIGN）
小川順子（NO DESIGN）

写真
難波雄史
山田耕司（扶桑社）

イラスト
後藤亮平（BLOCKBUSTER）

校正・校閲
くすのき舎

スペシャルサンクス
石井玄（ニッポン放送）
冨山雄一（ニッポン放送）
菊田知史（ミックスゾーン）
高橋瑞穂

ラジオパーソナリティ佐久間の
話したりない毎日
佐久間宣行のオールナイトニッポン0(ZERO)
2022―2023

発行日　2024年3月3日　初版第1刷発行

著　者　佐久間宣行
発行者　小池英彦
発行所　株式会社 扶桑社
〒105-8070
東京都港区芝浦1-1-1
浜松町ビルディング
電話　03-6368-8870(編集)
　　　03-6368-8891(郵便室)
www.fusosha.co.jp

印刷・製本　中央精版印刷株式会社

ISBN 978-4-594-09650-2